U0646831

职业教育课程改革创新教材

装备制造大类专业系列教材

互联网+

电动机控制与维保项目教程

主编 石 波 卢 波

主审 曾祥富

科学出版社

北京

内 容 简 介

本书采用项目引领、任务导向的模式编写。全书安排有6个项目、23个任务，内容涉及直流电动机及其控制电路连接、单相异步电动机的拆装与维修、三相异步电动机的拆装与维修、三相异步电动机控制电路的接线和典型故障的排除、PLC改造三相异步电动机控制线路、常用机床控制电路典型故障的排除等。为了与全国职业院校技能大赛接轨，在项目6中，完全选用了2021年教育部指定的机床电气控制电路模板，体现了教学内容与大赛项目的紧密结合。

本书既可以作为职业院校自动化类、机电设备类、电子信息类专业的教学用书，也可以作为各级职业技能大赛维修项目的参考书。

图书在版编目（CIP）数据

电动机控制与维保项目教程/石波，卢波主编. —北京：科学出版社，2023.3

职业教育课程改革创新教材 装备制造大类专业系列教材

ISBN 978-7-03-070652-2

Ⅰ.①电… Ⅱ.①石… ②卢… Ⅲ.①电动机-控制电路-职业教育-教材 Ⅳ.①TM320.12

中国版本图书馆CIP数据核字(2021)第232007号

责任编辑：张振华 刘建山 / 责任校对：王万红
责任印制：吕春珉 / 封面设计：东方人华平面设计部

科学出版社 出版

北京东黄城根北街16号
邮政编码：100717
http://www.sciencep.com

北京九州迅驰传媒文化有限公司 印刷

科学出版社发行 各地新华书店经销

*

2023年3月第 一 版　开本：787×1092 1/16
2023年3月第一次印刷　印张：13 1/2
字数：310 000

定价：48.00元

（如有印装质量问题，我社负责调换〈九州迅驰〉）

销售部电话 010-62136230 编辑部电话 010-62135120-2005

版权所有，侵权必究

前　言

党的二十大报告中指出："加快建设国家战略人才力量，努力培养造就更多大师、战略科学家、一流科技领军人才和创新团队、青年科技人才、卓越工程师、大国工匠、高技能人才。"为了深入贯彻落实二十大精神，编者根据二十大报告和《国家职业教育改革实施方案》《职业院校教材管理办法》《高等学校课程思政建设指导纲要》《"十四五"职业教育规划教材建设实施方案》等相关文件精神，在行业、企业专家和课程开发专家的精心指导下，结合企业生产岗位和工作实际，编写了本书。

在编写过程中，围绕"培养什么人、怎样培养人、为谁培养人"这一教育的根本问题，以落实立德树人为根本任务，以学生综合职业能力培养为中心，以培养卓越工程师、大国工匠、高技能人才为目标，以"科学、实用、新颖"为编写原则，紧密结合相关企业的职业工作需要和当前教学改革趋势，按照自动化类、机电设备类、电子信息类专业相关岗位（群）核心能力、职业标准及1+X证书要求，基于"项目-任务"教学和"基于工作过程"的课程改革理念，旨在探索"教学做一体化"的教学模式。

与同类图书相比，本书的体例更加合理和统一，概念阐述更加严谨和科学，内容重点更加突出，文字表达更加简明易懂，工程案例和思政元素更加丰富，配套资源更加完善。具体而言，本书具有以下几个方面的突出特点。

1. 校企"双元"联合开发，行业特色鲜明

本书是在行业专家、企业专家和课程开发专家的指导下，由校企"双元"联合编写的新形态融媒体教材。编者均来自教学或企业一线，具有多年的教学或实践经验。在编写本书的过程中，编者能紧扣专业的培养目标，遵循教育教学规律和技术技能人才培养规律，将产业发展的新技术、新工艺、新规范融入教材，反映自动化类、机电设备类、电子信息类专业相关岗位（群）及典型工作任务的职业能力要求。

2. 体现以人为本，强调实践能力培养

本书切实从职业院校学生的实际出发，摒弃了以往同类教材中过多的理论描述，在知

识讲解上"削枝强干",力求理论联系实际,从实用、专业的角度剖析各个知识点,以浅显易懂的语言和丰富的图示来进行说明。在内容的选取上,着眼于学生职业生涯的发展,坚持体现职业的需求和行业发展的趋势,与技术标准、技术发展及产业实际紧密联系,以能力为本位,贴近实际工作过程,注重学生应用能力和实践能力的培养。

3．与实际工作岗位对接,突出"工学结合"

本书以真实生产项目、典型工作任务、案例等为载体,严格按照相关岗位的职业能力要求,构建知识、能力与素养结构体系,并根据该体系确定教学项目和教学任务,满足"项目-任务"教学和"理实一体化"教学等多种教学方式的要求。

4．对接职业标准,体现"岗课赛证"融通

在编写过程中,力求对接中级维修电工和电动机维修工的职业技能标准,以及1+X证书、职业资格证书和国家职业技能标准及全国职业院校技能大赛要求,体现"书证"融通、"岗课赛证"融通。

5．融入思政元素,落实课程思政

为落实立德树人根本任务,充分发挥教材承载的思政教育功能,本书凝练思政要素,融入精益化生产管理理念,将安全意识、质量意识、环保意识、职业素养、工匠精神的培养与教学内容相结合,可潜移默化地提升学生的思想政治素养。

6．配套立体化资源,便于实施信息化教学

为了方便教师教学和学生自主学习,本书配套有免费的立体化的教学资源包,包括多媒体课件、实训素材及自测题。此外,本书中穿插有丰富的二维码资源链接,通过扫描可以观看相关的微课视频,便于随时随地移动学习。

本书参考教学学时为82学时,其安排建议文案如下。

	教学内容单元	建议学时
必学项目	课程准备 电动机拆装与维修所用工具与安全操作需求	1
	项目1 直流电动机及其控制电路连接	11
	项目2 单相异步电动机的拆装与维修	7
	项目3 三相异步电动机的拆装与维修	3
	项目4 三相异步电动机控制电路的接线和典型故障的排除	24
	项目5 PLC改造三相异步电动机控制线路	16
选学项目	项目6 常用机床控制电路典型故障的排除	20

　　本书由重庆市渝北职业教育中心石波（重庆市教学名师、特级教师）、余姚技师学院（筹）卢波（高级讲师）担任主编，重庆市梁平职业教育中心乐发明（高级讲师）、重庆科能高级技工学校刘晓书（高级讲师）、重庆市渝北职业教育中心李永佳（高级讲师）、重庆市渝北职业教育中心王东（高级讲师）、重庆市渝北职业教育中心周成（高级讲师）、重庆市渝北职业教育中心唐峥嵘（高级讲师）、重庆市梁平职业教育中心牟能发（讲师）、重庆市永川职业教育中心杨波（讲师）、重庆市梁平职业教育中心刘洪波（讲师）、重庆智能工程职业学院杨健勇（工程师）担任副主编，重庆市渝北职业教育中心王函、徐立志、刘航行、殷菌等参与编写。原全国职业院校技能大赛中职组"电气安装与维修"首席评委、专家组长、裁判长曾祥富（研究员）对本书进行了审定。

　　编者在编写本书过程中得到了教育部职业技术教育中心研究所邓泽民教授的直接指导，以及重庆渝北职业教育中心张扬群校长的关心与支持，得益于他们主持研究的国家社会科学基金"十一五"规划"以就业为导向的职业教育教学理论与实践研究"的子课题"以就业为导向的中等职业教育电类专业教学整体解决方案研究"成果的支撑。本书的出版也是该课题研究成果的重要组成部分。编者在编写本书过程中，还得到了科学出版社编辑的亲切指导，得到了浙江亚龙教育装备股份有限公司陈继权、宁波市职教教研室林如军主任等的大力支持。在此谨向他们致以诚挚的敬意和由衷的感谢！

　　由于编者水平有限，书中难免存在不足，敬请广大读者批评指正。

目　录

项目 3 三相异步电动机的拆装与维修   63

项目 6　常用机床控制电路典型故障的排除　　173

课程准备
电动机拆装与维修所用工具 与安全操作要求

"工欲善其事，必先利其器。"在电动机的安装、维修操作中，正确选择和使用工具是保证人身设备安全、确保操作质量的重要前提条件之一。由于本课程的各项操作都离不开电工工具与仪表，所以在后续各项目实践操作之前，以课程准备的形式介绍在电动机拆装与维修中常用的电工工具与仪表，以便后面使用。鉴于多数电工工具与仪表在专业基础课程中都有介绍，有的还在实训中使用，为了节省篇幅，这里只做简略说明。

0.1　电动机拆装与维修的常用电工工具和仪表

1　常用的通用电工工具

通用电工工具是电气操作的基本工具。工具不合规格、质量不好或使用不当，都会影响操作质量，降低工作效率，甚至造成事故。对于电气操作人员，必须掌握常用电工工具的结构、性能和正确的使用方法。常用的通用电工工具如图 0.1 所示。

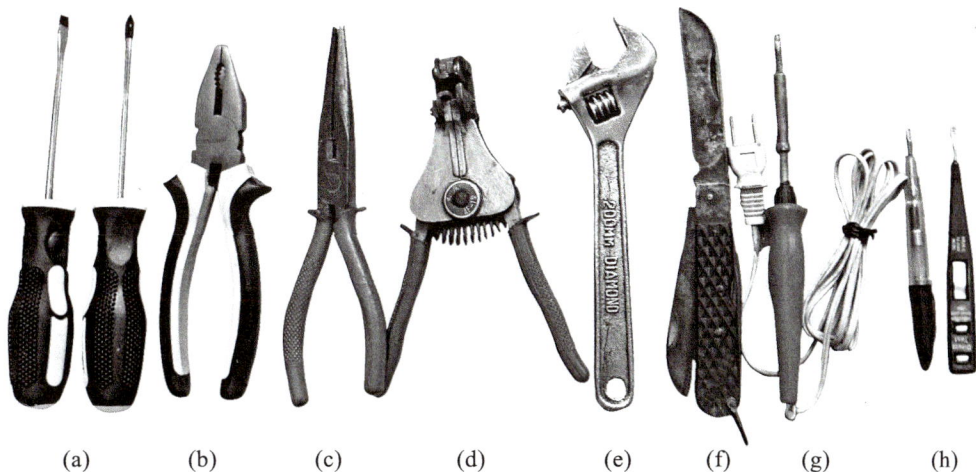

| (a) | (b) | (c) | (d) | (e) | (f) | (g) | (h) |

图 0.1　常用的通用电工工具

在图 0.1 中，从左至右依次如下。

一字旋具、十字旋具　用于旋动螺钉 [图 0.1 (a)]。

钢丝钳　用于剪切导线、金属丝，剥削导线绝缘层，起拔螺钉等 [图 0.1 (b)]。

尖嘴钳　用于在较狭小空间操作及钳夹小零件、金属丝等 [图 0.1 (c)]。

剥线钳　剥削导线线头绝缘层 [图 0.1 (d)]。

扳手　用于旋动带角的螺钉、螺母 [图 0.1 (e)]。

电工刀　剥削导线绝缘层，削制其他物品 [图 0.1 (f)]。

电烙铁　焊接电路、元器件 [图 0.1 (g)]。

试电笔　左边一支为氖管式，右边一支为数字式，用于检验线路和电器是否带电 [图 0.1 (h)]。

2 常用的专用工具

电动机拆装与维修中常用的专用工具的名称、外形、材质和用途如表 0.1 所示。

表 0.1　电动机拆装与维修中常用的专用工具

名称	外形图	规格	材质	用途
划线板		长15～20cm 宽1～1.5cm 厚0.5mm	铝、硬塑料、酚醛板、楠竹	绕组下线时，将电磁线划入嵌线槽，并将其划直理顺。在绕组端部嵌放绝缘材料时，用以分出绕组间隙
划针		长20～25cm 宽0.3～0.4cm 厚0.1～0.2mm	不锈钢等较硬的金属	包卷嵌线槽口部绝缘材料
清槽片		长15～20cm 宽1～1.5cm 厚约3mm	钢	清理出电动机定子嵌线槽或转子嵌线槽的残存绝缘物或锈斑
压脚		工作部分根据嵌线槽形状而定	黄铜、不锈钢	将已经划入嵌线槽的电磁线压紧压实
绕线机			铸铁、钢材	套上绕线模，绕制线圈
绕线模			铁、硬塑料	可根据线圈尺寸，在一定范围调节大小。绕制线圈时将其固定在绕线机主轴上，在其模心上绕制线圈

3　常用仪表

在电工操作中，电工测量是不可缺少的一个重要组成部分，它的主要任务是借助各种电工仪器仪表，对电气设备或电路的相关物理量进行测量，以便了解和掌握电气设备的特性和运行情况，以及电气元件的质量情况。可见，认识并正确掌握电工仪器仪表的使用是十分重要的。电动机修理中的常用仪表如表 0.2 所示。

数字万用表的使用方法　　兆欧表的使用方法

表0.2　电动机修理中的常用仪表

仪表	仪表图示	功能及用途
万用表	机械万用表　数字万用表	万用表是一种多功能、多量程的便携式电工仪表。万用表又称多用表、三用表、复用表。一般万用表可测量直流电流、直流电压、交流电压、电阻和音频电平等，有些特殊万用表还可测量电容、晶体管共发射极直流放大系数 h_{FE} 等
兆欧表	机械式兆欧表　数字式兆欧表	兆欧表主要用于测试电动机、变压器、电缆和各种电路的绝缘电阻等
钳形电流表		钳形电流表主要用于在不剪断导线的情况下直接测量导线中的电流。使用时，选好量程后，将待测导线穿过钳口中间即可读取导线中的电流值

注：上述仪表的正确使用方法见《电工技术基础与技能（电类专业通用）》（第二版）（赵争召，刘晓书，2019，科学出版社）相关单元。

0.2　电动机拆装与维修的安全操作要求

1) 使用的工具完好并符合技术要求，不得因工具原因造成人身和器材损伤。
2) 在操作过程中注意保护电动机的机械部分和电路部分，尤其不能损伤电路，特别是绕组的绝缘部分。
3) 在仪表使用过程中，不得拨错挡位、选错量程和接错电路，否则会损坏仪表、增大测量误差或不能测量。

4) 在连接绕组或其他电路时，必须严格按照电路图连接，连接完成后务必反复检查，以判断接线是否正确、接头是否牢固、绝缘处理是否符合要求。

5) 用于实训的电气设备和线路，未经验电，一律视为有电，必须切断电源确认安全后才可进行操作。

6) 严禁湿手拆装与维修电动机。

7) 通电检测前应反复检查安装维修质量，以判断机械部分有无损伤、运转部分是否灵活、紧固件是否紧固。

8) 在全面检查无误后方可通电，通电时严格遵守用电操作规程，同时必须由教师监护，以确保人身和设备安全。

9) 在通电过程中，若出现温度过高、冒烟、强烈振动、异响等情况应立即断电。

10) 电动机拆装与维修实训室要保持清洁、整齐；保持符合电气操作的安全环境；文明操作，操作过程中和实训结束以后，工具、仪表、器材应摆放规范。

11) 爱护工具设备，节约耗材。注意发扬团队合作精神。

安全操作规程真是很重要！

项目 1

直流电动机及其控制电路连接

学习目标

技能目标 ☞

1. 会使用电动机装配与维修的通用电工工具和专用工具拆卸和装配直流电动机；
2. 会连接直流电动机起动、反转和调速控制电路；
3. 会排除直流电动机的典型故障。

知识目标 ☞

1. 了解直流电动机的类型、结构与工作原理；
2. 了解直流电动机常用控制电路的结构与原理；
3. 掌握直流电动机拆装、接线与检修中的工艺要求；
4. 了解直流电动机常见故障产生原因及检修思路。

思政目标 ☞

1. 树立正确的学习观，不负时代、不负韶华，实现德智体美劳全面发展；
2. 坚定技能报国、民族复兴的信念，立志成为行业拔尖人才。

任务目标：

1. 掌握直流电动机拆卸和装配的基本步骤；

2. 会拆卸和装配直流电动机；

3. 了解直流电动机的分类、结构与工作原理。

任务描述：

根据工艺流程与要求正确拆装直流电动机。

拆卸直流电动机的步骤：拆除电源线→松开端盖螺栓→拆下轴承与前端盖→卸下风扇→取出转子→卸下电刷装置→卸下后端盖。

装配直流电动机的步骤与上述顺序相反。

直流电动机在电力拖动系统的调速和起动方面具有先天优势，在工业生产与加工的各领域发挥着重要的作用。特别是小型直流电动机应用广泛，如大量的微型电器、电动玩具使用直流电动机，所以学习拆卸和装配直流电动机的知识和技能，对电工电子类专业学生是必不可少的。

1.1.1 实践操作：直流电动机的认识与拆装

本任务所需工具、仪表与器材如表 1.1 所示。

表 1.1 任务 1.1 所需工具、仪表与器材

类别	名称	型号规格	数量	类别	名称	型号规格	数量
工具	活扳手	6英寸* 8英寸	1	器材	绝缘纸	0.20mm聚酯薄膜	适量
	电工刀		1		绝缘软导线	红、蓝、黑	适量
	錾子		1		绑扎线	普通棉织线	适量
	锤子	0.5磅**	1		绝缘套管	玻璃丝漆管	适量
	电烙铁	50W内热	1				
仪表	万用表	MF47型	1				
	转速表	红外线型	1				

* 1 英寸≈2.54cm。

** 1 磅≈0.453592kg。

1 认识直流电动机的组成

直流电动机保养和修理都需要进行拆装。掌握拆装的方法和技能，才能进行零件清洗和易损件更换的电动机保养和修理工作，也便于电动机修理时进行空载检测、负载检测、耐压检测和调速等。

为了学会直流电动机的拆装，首先要了解直流电动机的组成。

直流电动机的基本组成部分如图 1.1 所示。

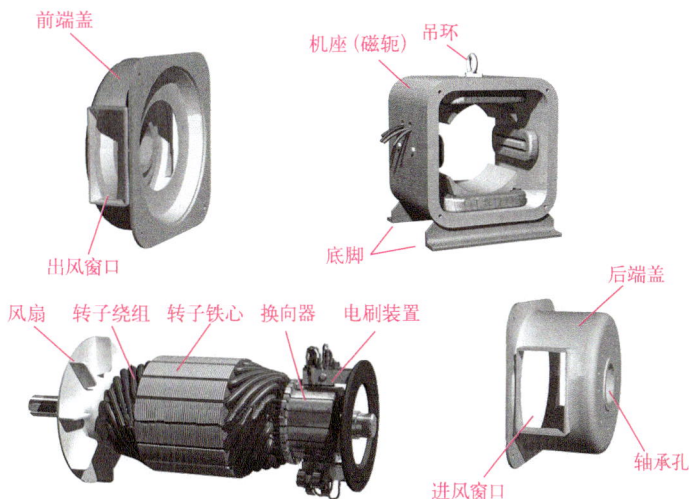

图1.1 直流电动机分解图

2 拆卸和装配直流电动机

直流电动机的拆卸和装配顺序如图 1.2 所示。

注意：直流电动机拆卸前应在刷架处、端盖与机座配合处等部位做好标记，便于装配。

直流电动机拆卸顺序

(a) 卸下前端盖

拆除电动机的所有接线，松开端盖螺栓，拆下前端盖

(b) 卸下风扇

(c) 拆除机座连接线

拆除机座所有的连接线

(d) 取出转子

连同电刷装置和后端盖将转子从机座中取出后放在木架上，并用布包好

(e) 卸下电刷装置

打开后端盖的进风窗口，从刷握中取出电刷，再拆下接到刷杆上的连接线

(f) 卸下后端盖

拆除轴伸端的端盖螺栓，把转子连同端盖从定子内小心地抽出

直流电动机装配顺序

图1.2 直流电动机的拆卸和装配顺序

1.1.2 相关知识：直流电动机的结构及其工作原理

1 直流电动机的结构

根据图 1.3，分析直流电动机各部分的具体结构与作用。

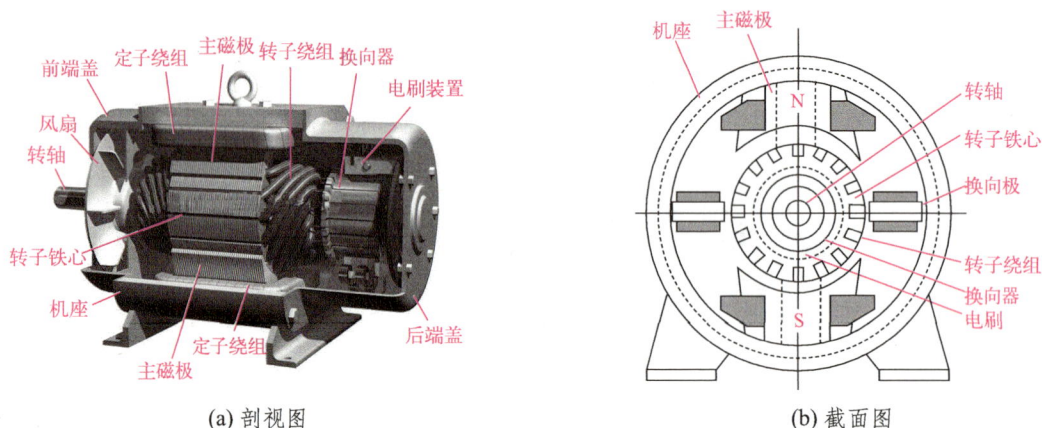

(a) 剖视图   (b) 截面图

图1.3 直流电动机的结构

(1) 定子

产生磁场并起机械支撑作用（由主磁极、换向极、机座、端盖、轴承、电刷装置等部件组成）。

主磁极 由主磁极铁心、定子绕组、极靴组成，铁心用钢片制成，如图 1.4 所示。用于产生工作磁场。改变励磁电流方向，可改变励磁磁场方向。

换向极（一般容量为 1kW 以上会配置） 由换向极铁心、换向极绕组组成，如图 1.5 所示。换向极绕组与转子绕组串联。用于改善电动机的换向性能，防止产生电弧火花。换向极铁心一般用整块钢片制成，对换向性能要求高的电动机，换向极铁心通常用 1～1.5mm 钢板叠压而成。换向极绕组由绝缘导线绕制而成。整个换向极用螺钉固定在机座上。换向极数目和主磁极数目相等。

图1.4 主磁极的结构图   图1.5 换向极

机座　机座是直流电动机的机械支撑装置，用来固定主磁极、换向极和端盖。机座又是电动机磁路的一部分，机座上作为磁路的部分称为磁轭。为保证机座的机械强度和导磁性能，机座通常采用铸铁或厚钢板焊接而成。

电刷装置　由刷杆座、电刷、刷握、刷杆、压缩弹簧和刷辫等组成，其作用是将直流电压、直流电流引入或引出转子绕组（图 1.6）。

图1.6　电刷装置

(2) 转子（电枢）

转子的作用是产生电磁转矩和感应电动势，它是能量转换的枢纽（由转子铁心、转子绕组、换向器、风扇等部件组成）（图 1.7）。

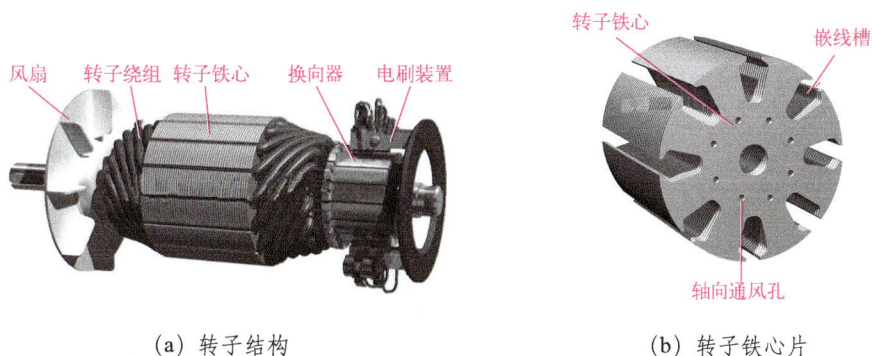

（a）转子结构　　　　　　　　（b）转子铁心片

图1.7　转子结构及转子铁心片

转子铁心　是电动机磁路的一部分，铁心中嵌放着转子绕组，为减少电动机中的铁耗，转子铁心常由 0.5mm 厚的硅钢片叠压而成，铁心片圆周外缘均匀地冲有许多齿和槽，槽内嵌放转子绕组；铁心片上一般还有许多圆孔，作为改善散热效果的轴向通风孔。

转子绕组　是电动机的电路部分，用于产生电磁转矩和感应电动势，是实现电动机能量转换的关键部件。

换向器　是直流电动机换向的关键部件。在电动机中和电刷一起将电动机外的直流电流转换成绕组内的交流电流；在发电机中和电刷一起将发电机内部的交流电流转换成外电路的直流电流，其结构如图 1.8 所示。

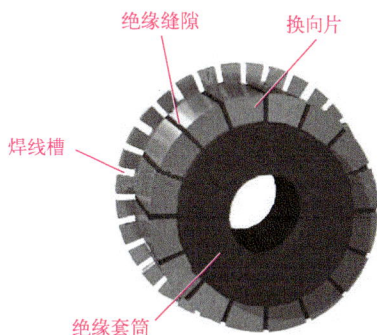

图1.8　换向器结构

（3）气隙

气隙是电动机主磁极与转子之间的间隙，小型电动机气隙为 1~3mm，大型电动机气隙为 10~12mm。气隙虽小，但因空气磁阻较大，在电动机磁路系统中有重要作用，其大小、形状对电动机性能有很大的影响。

2 直流电动机的分类

电动机分类

直流电动机的种类较多，性能各异，分类方法也有很多。

直流电动机按励磁方式分类，有他励和自励两类。自励的励磁方式包括并励、串励、复励等，复励又有积复励和差复励之分（图 1.9）。

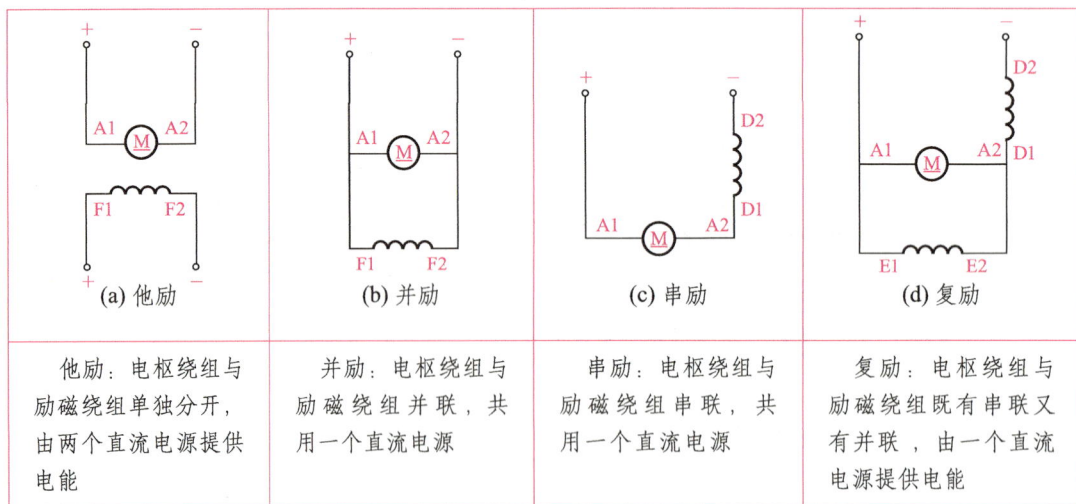

(a) 他励	(b) 并励	(c) 串励	(d) 复励
他励：电枢绕组与励磁绕组单独分开，由两个直流电源提供电能	并励：电枢绕组与励磁绕组并联，共用一个直流电源	串励：电枢绕组与励磁绕组串联，共用一个直流电源	复励：电枢绕组与励磁绕组既有串联又有并联，由一个直流电源提供电能

图1.9 励磁方式

不同励磁方式的直流电动机的特性有很大差异，从而使它们能满足不同生产机械的要求。

3 直流电动机的工作原理

直流电动机的能量转换关系如图 1.10 所示。

电系统 ➡ 直流电动机 ➡ 机械系统

图1.10 直流电动机的能量转换关系

如果直流电动机的转子不用原动机拖动，而把它的电刷 A、B 接在电压为 U_c 的直流电源上（图 1.11），那么会发生什么情况呢？从图 1.11 中可以看出，电刷 A 是正电位，B 是负电位，在 N 极磁场范围内的导体 ab 中的电流是从 a 流向 b，在 S 极磁场范围内的导

体 cd 中的电流是从 c 流向 d。载流导
体在磁场中要受到电磁力的作用，因此，ab 和 cd
两导体都要受到电磁力 **F** 的作用。根据磁场
方向和导体中的电流方向，利用左手定则判
断，导体 ab 受力的方向是向下，而导体 cd
则是向上。由于磁场是均匀的，导体中流过
的又是大小相同的电流，所以，导体 ab 和
导体 cd 所受的电磁力大小相等、方向相反。
这样，线圈就受到电磁力矩的作用而按逆

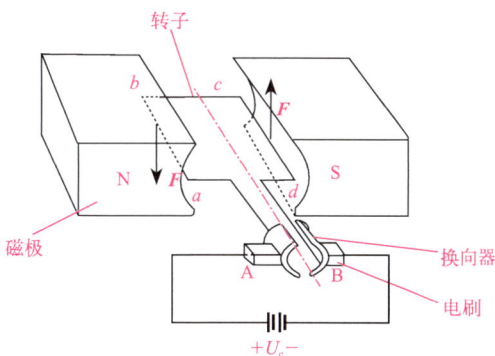

图1.11 直流电动机的结构模型

时针方向转动。当线圈转动到磁极的中性面时，线圈中的电流等于零，电磁力矩等于零，
但是由于惯性，线圈将继续转动。线圈转过一个周期之后，虽然 ab 与 cd 两导体的位置调
换了（导体 ab 转到 S 极磁场范围内，导体 cd 转到 N 极磁场范围内），但是由于换向器和
电刷的作用，转到 N 极磁场范围内的导体 cd 中电流方向也变了，是从 d 流向 c，S 极磁
场范围内的导体 ab 中的电流则是从 b 流向 a。因此，电磁力 **F** 的方向仍然不变，线圈继
续受力按逆时针方向转动。可见，分别处在 N、S 磁极范围内的导体中的电流方向总是不
变的，因此，线圈两个边的受力方向也不变。这样，线圈就可以按照
这个确定的受力方向不停地旋转，通过齿轮或皮带等机构的传动，便
可以带动其他工作机械。

从图 1.12 所示的直流电动机的工作原理可知，要使线圈按照一定
的方向旋转，关键是要实现当导体从一个磁极范围内转到另一个异性磁
极范围内时（也就是导体经过中性面后），导体中电流的方向也要同时
改变。换向器和电刷就是完成这个任务的装置。在直流发电机中，换向
器和电刷的任务是把线圈中的交流电变为直流电向外输出；而在直流电
动机中，则用换向器和电刷把输入的直流电变为线圈中的交流电。

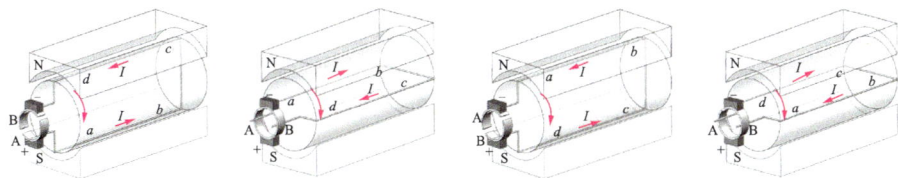

直流电机的结构

直流电动机工作原理

(a) 导体ab在S极磁场范围内　(b) 导体ab离开S极　(c) 导体ab在N极磁场范围内　(d) 导体ab离开N极

图1.12 直流电动机的工作原理

实际的直流电动机中也不是只有一个线圈，而是有许多个线圈牢固地嵌在嵌线槽中，
当导体中通过电流、在磁场中因受力而转动时，就带动整个转子旋转。这就是直流电动
机的基本工作原理。

1.1.3 实践操作检测与评价

(1) 认识直流电动机

将认识直流电动机的相关知识和数据记入表 1.2 中。

表 1.2 认识直流电动机的相关知识和数据检测记录

电动机系列、参数、形式	检测结果	配分	实际得分
型号		5	
励磁方式		5	
额定功率		6	
额定电压		6	
额定电流		6	
额定转速		6	
励磁电流		6	
合计		40	

学生（签名） 测评教师（签字） 时间

(2) 拆卸直流电动机

将直流电动机拆卸的步骤、操作内容、使用工具和工艺要点按要求记入表 1.3 中。

表 1.3 直流电动机拆卸检测记录

步骤	操作内容	使用工具	工艺要点	配分	实际得分
第一步				10	
第二步				10	
第三步				10	
第四步				10	
第五步				10	
第六步				10	
合计				60	

学生（签名） 测评教师（签字） 时间

(3) 直流电动机安装评价

本任务的评分标准如表 1.4 所示。

表 1.4　直流电动机安装评分标准

项目内容	配分	评分标准	扣分
选用元器件	5	选错型号和规格，每个扣2分	
装前检查	10	(1) 电动机质量漏检，每处扣5分 (2) 电器元件漏检，每处扣1分	
安装	20	(1) 电动机安装不符合要求扣10分 (2) 其他元件安装不紧固扣5分 (3) 电器布置不合理扣5分	
接线	20	(1) 不按电路图接线扣20分 (2) 接点不符合要求，每个扣2分 (3) 布线不符合要求，每根扣2分	
通电试车	40	(1) 操作顺序不对，每一次扣10分 (2) 第一次试车不成功扣20分 　　第二次试车不成功扣30分 　　第三次试车不成功扣40分	
安全文明生产	5	违反安全文明生产规程扣5分	
总成绩	100		

学生（签名）　　　　测评教师（签字）　　　　时间

想一想

1. 直流电动机由哪些主要部件组成？各部件的作用是什么？

2. 直流电动机的换向及其改善方法是怎样的？

3. 直流电动机的转子铁心为什么要用硅钢片制造？能否用铸钢件代替？

任务 *1.2* 连接直流电动机的起动、反转和调速控制电路

任务目标：

1. 会连接直流电动机起动、反转和调速控制电路；

2. 会通电检测控制效果。

任务描述：

根据工艺流程与要求正确连接直流电动机的起动、反转和调速控制电路。

1. 连接范围规定为直流电动机的电源引出线与控制电器和室内电源之间，不涉及绕组内部；

2. 线路连接完毕后，必须通电检测其控制效果。

在电力拖动系统中，电动机是原动机，起主导作用。电动机的起动、反转和调速控制是衡量电动机运行性能的重要指标，也是某些生产机械必须具备的功能。下面分析他励直流电动机起动、反转和调速的方法，以及在此过程中电流和转矩的变化规律。

直流有刷电机与无刷电机区别

1.2.1　实践操作：直流电动机的起动、反转与调速电路的连接

> **知识窗**
>
> 直流电动机的起动是指直流电动机接通电源，转速从零开始到达额定转速的过程。起动是电动机的过渡过程，对电动机的运行性能、使用寿命及安全存在着较大的影响。
>
> 直流电动机的起动性能指标：
>
> 1. 起动转矩 T_{st} 足够大（$T_{st} > T_N$，其中 T_N 为额定转矩）；
>
> 2. 起动电流 I_{st} 不可太大，一般限制在一定的允许范围之内，即 $(1.5 \sim 2)I_N$，I_N 为额定电流；
>
> 3. 起动时间短，符合生产机械的要求；
>
> 4. 起动设备简单、经济、可靠、操作简便。

1　电路连接前的准备

本任务所需工具、仪表与器材如表 1.5 所示。

表 1.5　任务 1.2 所需工具、仪表与器材

类别	名称	型号规格	数量	类别	名称	型号规格	数量
工具	螺钉旋具	一字形3英寸	1	仪表	万用表	MF47	1
	螺钉旋具	十字形3英寸	1		钳形电流表	MG20	1
	电工刀		1	器材	直流电动机	Z4	1
	镊子		1		起动器变阻器	Z-203	1
	电烙铁	50W内热	1		调速变阻器	BC1-300	1
仪表	转速表	红外线型	1		电抗器		1
					熔断器	RC1A	2
	转速表	636型	1		导线	BVR-1.5	若干

2　连接直流电动机的起动电路

利用起动器进行直流并励电动机起动，其实训电路图如图 1.13 所示。

(a) 起动器实际接线图　　　　(b) 起动器原理图

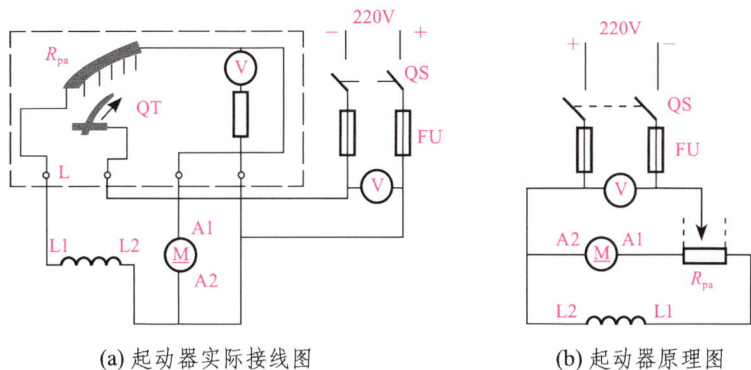

图1.13　直流电动机用起动器起动的实训电路图

步骤一　按图 1.13 接线，并检查确认接线无误。

步骤二　在 QS 断开时，将起动器 QT 手柄放在起始位置（空挡），再合上 QS（这时因起动器处于空挡，电动机不会起动）。

步骤三　将起动器手柄顺时针方向匀速转动，使电动机通电起动，直至起动器处于运转位置（此时起动器手柄被自动锁止）。记下此时的电流和转速数值。

步骤四　断开 QS，则电动机停转。观察此时起动器失电后自动复位的过程。

步骤五　起动器复位后，再次合上 QS，重复三次起动操作，并记下每次的电流和转速数值。

将上述起动过程中的电流、转速等相关数据记入表 1.6 中。

3　连接直流电动机的反转电路

直流电动机反转实训电路图如图 1.14 所示。

(1) 直流电动机实现反转的措施

1) 保持电枢绕组两端极性不变，将励磁绕组反接。

2) 保持励磁绕组极性不变，将电枢绕组反接。

(2) 操作步骤

图1.14　直流电动机反转实训电路图

步骤一　按图 1.14 接好电路，并确认无误。

步骤二　将励磁调节电阻 R_L 置于阻值最小位置，电枢调节电阻 R_{pa} 调至阻值最大位置，开关 QS2 合至 1 位。然后合上 QS1，起动直流电动机，并观察电动机转向。在表 1.7 中记下转向后，拉起开关 QS1 使电动机停转。

步骤三　将电动机电枢绕组两端（A1、A2）连线对调，合上 QS1，起动电动机，观察此时电动机转向，在表 1.7 中记下转向后，断开 QS1。

步骤四　在步骤三的基础上，将电动机励磁绕组两端（L1、L2）连线对调，然后再次合上 QS1，起动电动机，并观察电动机的转向，在表 1.7 中记下转向后，断开 QS1、QS2。

4 连接直流电动机的调速控制电路

利用可变电阻器进行电枢串电阻起动及调速，调速实训电路图如图1.15所示。

步骤一 按图1.15接好电路，并检查确认连接无误。

步骤二 电阻器回路串电阻起动。

1) 将开关 QS 置于断开位置，电枢调节电阻 R_{pa} 置于阻值最大位置，励磁调节电阻 R_L 置于阻值最小位置。

2) 合上 QS，则电动机进行电枢串电阻起动，观察起动效果。将电枢调节电阻 R_{pa} 阻值和电动机转速记入表1.8中。

步骤三 改变励磁电流调速和改变 R_{pa} 调速。

1) 电动机起动完毕后，立即将 R_{pa} 调至零位，测量此时电动机的转速 n 及励磁电流 I_L 并记录于表1.9中，随后逐渐增大 R_L，使 $I_L\downarrow$，$n\uparrow$，直至电动机转速升高到 $n=1.2$ 倍。随后将 R_L 调至零位。每调一次，就在表1.9中记下一组 n 及 I_L 数据。

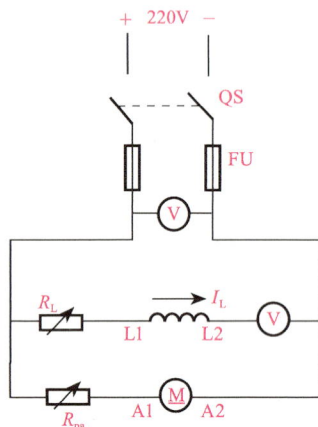

图1.15 直流电动机调速实训电路图

2) 在 $R_L=0$ 时，逐步调大 R_{pa}，使电动机转速 n 下降，直至 R_{pa} 为最大。此过程记录 n、R_{pa} 数据于表1.8中（R_{pa} 应在断电后进行测量，或根据设备情况进行估算）。

步骤四 断开 QS，切断电源，使电动机停机，拆除实验线路，并清理现场。

1.2.2 相关知识：直流电动机起动和调速的方法

1 直流电动机的起动方法

(1) 直接起动

直接起动不需要起动设备，操作简单，但起动转矩大。缺点是起动电流较大，会引起电网电压的下降，影响到其他用电设备的正常工作，对电动机自身也会造成换向恶化、绕组发热严重等问题，同时较大的起动转矩有可能损坏拖动系统的传动机构，所以直接起动只限用于容量很小的直流电动机。

(2) 降压起动

降压起动即起动前将施加在电动机电枢两端的电压降低，以限制起动电流。为了获得足够大的起动转矩，要求在起动过程中能量损耗小，起动平稳，便于实现自动化，但需要一套可调节电压的直流电源，增加了设备成本投资。

(3) 变阻起动

为了限制过大的起动电流，在起动过程中，可在电枢回路中串联电阻以减小起动电流。在起动过程中，为了保证切除外加电阻时电枢的电流不超过限定值，应随着电动机转速的增加，逐级切除电阻，完成电动机的分级起动。

2 直流电动机的调速

在工业生产中，有许多生产机械为了满足不同的生产工艺要求，需要改变工作速度，此时可以采用一定的方法，人为改变电动机转速，以满足生产需要。在负载不变的情况下，改变电动机转速的做法称作调速。

电动机调速性能的好坏，常用下列各项指标来衡量：①调速范围；②静差率（又称相对稳定性）；③调速的平滑性；④调速的经济性；⑤调速时电动机的容许输出等。

调速方法：①改变电枢电阻调速；②改变电枢电压调速；③改变磁通调速。

1.2.3 实践操作检测与评价

完成本任务的操作结果及数据记录（表 1.6～表 1.9）。

表 1.6 直流电动机起动实训记录

项目	第一次	第二次	第三次
$n/(\text{r}\cdot\text{min}^{-1})$			
I_{L}/A			

表 1.7 直流电动机反转实训记录

1	未改变接线时的转向	作（顺、逆）时针转动（_____）
2	对调电枢绕组两端连线后的转向	作（顺、逆）时针转动（_____）
3	对调励磁绕组两端连线后的转向	作（顺、逆）时针转动（_____）

表 1.8 直流电动机改变电枢调节电阻 R_{pa} 调速记录

项目	第一次	第二次	第三次
$n/(\text{r}\cdot\text{min}^{-1})$			
R_{pa}/Ω			

表 1.9 直流电动机改变励磁电流调速实训记录

项目	第一次	第二次	第三次
$n / (\text{r} \cdot \text{min}^{-1})$			
I_L/A			

特别提示

1. 应用起动器起动直流电动机时，起动器手柄应该连续转动直至被锁住，手柄不可停留于中间任何位置。转动时不能太快，也不能太慢。

2. 电动机失电停转后，起动器手柄要稍有延时才能复位。若要重新起动电动机，一定要等起动器复位后才能进行；否则，电动机相当于直接起动，将产生很大的起动电流。

3. 利用可变电阻器起动直流电动机前，一定要注意电阻位置（电枢调节电阻 R_{pa} 应置于阻值最大位置，励磁调节电阻 R_L 置于阻值最小位置），并要检查励磁回路，不允许开路。

4. 按电路图正确接线，完成后由教师检查确认后方可开始下一步操作。

5. 在操作过程中，如遇异常情况，应立即断开电源开关。

想一想

1. 直流电动机起动时，为何要将电枢调节电阻 R_{pa} 置于阻值最大位置，而励磁调节电阻 R_L 置于阻值最小位置？

2. 改变励磁回路电流调试时，若使 $R_L \uparrow$，则电动机转速将如何变化？

巩固与应用

1. 直流电动机主要由哪几部分组成？它们各起什么作用？

2. 怎样实现直流电动机的反转？

3. 电刷处火花过大可能由哪些原因造成？

4. 什么叫换向？为什么要换向？改善换向的方法有哪些？

项目 2
单相异步电动机的拆装与维修

学习目标

技能目标 ☞

1. 会使用电动机拆装与维修的通用电工工具和专用工具拆装单相异步电动机；
2. 会连接单相异步电动机常用控制电路；
3. 会拆换单相异步电动机绕组；
4. 能排除单相异步电动机典型故障；
5. 会连接单相串励电动机起动和调速控制电路。

知识目标 ☞

1. 了解单相异步电动机的类型、结构与工作原理；
2. 了解单相异步电动机常用控制电路的结构与原理；
3. 掌握单相异步电动机拆装、接线与检修中的工艺要求；
4. 了解单相异步电动机绕组拆换工艺、常见故障产生原因及检修思路；
5. 了解单相串励电动机的结构、优缺点与工作原理；
6. 掌握单相串励电动机的制动方法。

思政目标 ☞

1. 树立正确的价值观，自觉践行行业道德规范；
2. 树立规范意识、安全意识，遵规守纪，安全操作，规范操作。

所谓单相电动机，是相对于三相电动机而言的。三相电动机用三相电源，而单相电动机只用单相电源，故名单相电动机。单相异步电动机是靠 220V 单相交流电源供电的一类电动机，它适用于只有单相电源的小型工业设备和家用电器。

任务 2.1　拆装单相异步电动机

任务目标：

1. 会正确使用电工工具完成单相异步电动机的拆卸和装配任务；
2. 掌握单相电动机拆装中的工艺要求；
3. 了解单相异步电动机的分类、结构、工作原理。

任务描述：

根据工艺流程与要求正确拆装单相异步电动机，本项任务不拆卸绕组。

拆卸单相异步电动机的顺序：拆除电源线→拆除尾罩→拆除端盖→取出转子→卸下轴承。

装配与上述顺序相反。

由于单相异步电动机对电源的要求不高，所以应用范围很广，凡是不具备三相电源的场合，只要能提供单相电源，皆可使用单相电动机，特别是家庭、小型作坊、办公室、小型实验室等场所。由于单相异步电动机的使用率较高，因此其维护、修理量较大，要对单相异步电动机进行维护、修理，所需基础技能就是拆卸与装配。

2.1.1　实践操作：单相异步电动机的拆卸和装配

1　拆装前的准备

1) 准备拆装工具和器材：3 英寸螺钉旋具（一字形、十字形各一）、活扳手（6 ~ 8 英寸）、电风扇电动机一台。
2) 拆卸的准备工作，做好 4 个记录：电动机引出线的颜色，前后端盖，前后轴承和前后端盖与定子铁心的结合部位，应该分别做上记号，为装配做准备。

2　认识单相异步电动机的结构

这里以电风扇电动机为例讨论其结构。这种电动机属于电容运转式单相异步电动机，其外形如图 2.1 所示，其内部结构如图 2.2 所示。在图 2.2 中，从左至右依次是前罩壳、前端盖、定子、转子、后端盖和后罩壳等。

在单相异步电动机的零部件中，最主要的部件是具有电磁作用的定子和转子。其中定子由定子铁心和嵌放在定子铁心嵌线槽中的定子绕组（由绝缘铜线绕成）组成，如图 2.3 所示；转子由转子铁心、笼型转子绕组及转轴组成，如图 2.4 所示。

单相异步电动机结构及拆解

图2.1 电风扇电动机外形

图2.2 电风扇电动机的内部结构

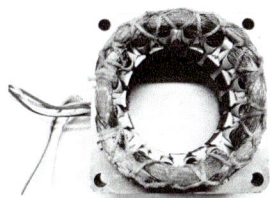

图 2.3 定子结构

图 2.4 转子结构

单相异步电动机通电后，转子在电磁作用下而旋转，带动工作机械做功。其他主要零部件的机械作用：前后端盖用于固定、支撑定子和转子，轴承用于减小转轴转动时的摩擦。

3 拆装单相异步电动机

单相异步电动机的拆卸步骤如图 2.5 所示。**单相异步电动机拆卸的操作步骤的反方向就是单相异步电动机的装配步骤。**

知识窗 电动机拆、装工艺要求

电动机拆卸工艺要求

1. 在拆卸紧固件时，无论旋动螺钉还是螺母，螺钉旋具或扳手规格务必与工件吻合，否则可能损坏螺钉或螺母。

2. 在拆卸有两个及以上螺钉连接的紧固件（如端盖）时，应该对角交叉分几次轮流旋松螺钉，不可一次将某一螺钉卸下，因为这样容易造成紧固件（如端盖）翘曲变形。

3. 轴承位于转子转轴两端，拆卸时应该分清前轴承和后轴承。因为转轴前端是负荷端，所以前轴承磨损较大。电动机在工作一段时间后，当前轴承还能继续使用时，可以前后轴承对调使用，以延长其使用寿命。

电动机装配工艺要求

1. 安装轴承时，应加足润滑油（有的是边装配边加润滑油，有的是装配完后再加）。

2. 清洁完定子铁心内表面后，在装入转子时，定子、转子的端面必须保持平整，转子外圆周与定子内圆周之间的气隙应当一致。

3. 前后端盖按照拆卸时所做的记号归位，旋紧四颗螺钉时也要对角交叉分几次旋紧。在紧固端盖的过程中，注意边旋动螺钉边旋动转轴，一直要保持转轴灵活转动，否则容易造成转子卡死，甚至导致转轴变形。

4. 如果是装配电风扇电动机，在装摇头机构时，注意边装配边加润滑油。

5. 连接电源时，注意区分电源线颜色，同时还要注意起动电容不分极性。

拆卸顺序		
		第一步：拆下后罩壳、前罩壳 　后罩壳与前罩壳之间靠四个扣榫固定，拆卸时应对四个扣榫适当均匀用力，逐次将其拨开，用力不当容易损坏扣榫。
		第二步：卸下摇头机构 　摇头齿轮用塑料制成，拆卸时注意保护；装配前清洗干净，边装边加足润滑油。
		第三步：拆卸前后端盖 　松开端盖螺钉后，因为端盖通过轴承与转轴配合较紧，取下端盖时要适当用力，切记不得让端盖碰伤绕组端部。
		第四步：取出转子 　取出转子时要均匀用力，稳妥地从铁心中间抽出，不得碰伤绕组。
		第五步：卸下轴承 　注意区分前轴承和后轴承。装配前必须将轴承清洗干净，装配后在轴承座内加足润滑油。

图 2.5　单相异步电动机的拆卸步骤

2.1.2 相关知识：单相异步电动机的分类、结构与工作原理

1 单相异步电动机的分类与结构

单相异步电动机根据起动形式的不同，可按照图 2.6 进行分类。

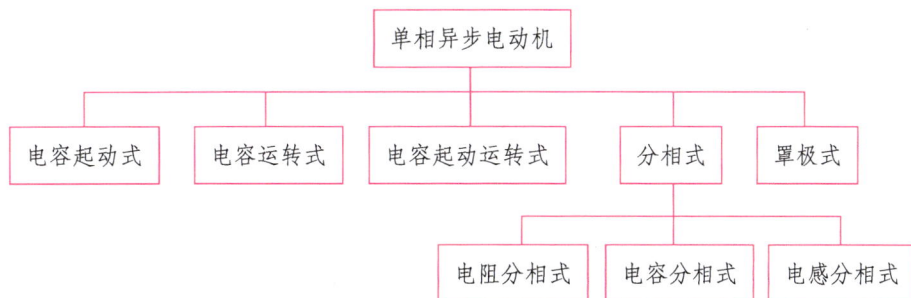

图2.6 单相异步电动机分类框图

单相异步电动机的共同特点是体积小、功率小（小功率的不超过 10 W，功率最大的不超过 3700 W）、结构相对简单、功率因数低。不同类型单相异步电动机的起动、运转形式不同，其结构特点也不一样，现通过表 2.1 比较常用单相异步电动机的结构特点与应用范围。

表 2.1 常用单相异步电动机的结构特点与应用范围

电动机类型	结构特点	绕组接线示意图	应用范围
电容起动式	前两点同上。区别在第三点：电动机起动结束后，副绕组自动切断电源，不参与运行		小型用电器具：小型水泵、洗衣机、空调器、小型压缩机等
电容运转式	(1) 定子绕组由主绕组（工作绕组）和副绕组（起动绕组）组成； (2) 副绕组上串联电容器； (3) 电动机起动后副绕组继续通电工作		小型电动器具：电风扇、洗衣机、电冰箱、空调器等
电容起动运转式	(1) 定子绕组由主、副两套绕组组成； (2) 副绕组上串联电容（两个并联的电容）； (3) 起动结束后自动切断一个电容器，另一个电容器与副绕组串联继续通电工作		家用水泵、小型机床，以及功率较大的电冰箱和空调器

续表

电动机类型	结构特点	绕组接线示意图	应用范围
电阻分相式	(1) 定子绕组由主、副两套绕组组成; (2) 副绕组匝数多、线径小、电阻大; (3) 起动结束后副绕组自动切断电源		小型、超小型电动器具:小型鼓风机、医疗器械、家用搅拌机、粉碎机等
罩极式	与上面几种电动机结构不同,定子绕组只有一套,但在主磁极铁心上套有铜环(又称短路环),用于电动机的起动		小型、超小型电动设备:电动玩具、电动模型、电唱机、电动仪器仪表、小型鼓风机、电风扇等

2 单相异步电动机的工作原理

1) 单相正弦交流电通入单相定子绕组,转子不转动。单相正弦交流电通入定子绕组后,绕组中的电流变化仍然遵循正弦规律。在定子圆周上所产生的磁场也随着这一规律变化,不能产生转动力矩,所以转子不会转动,如图 2.7 所示。

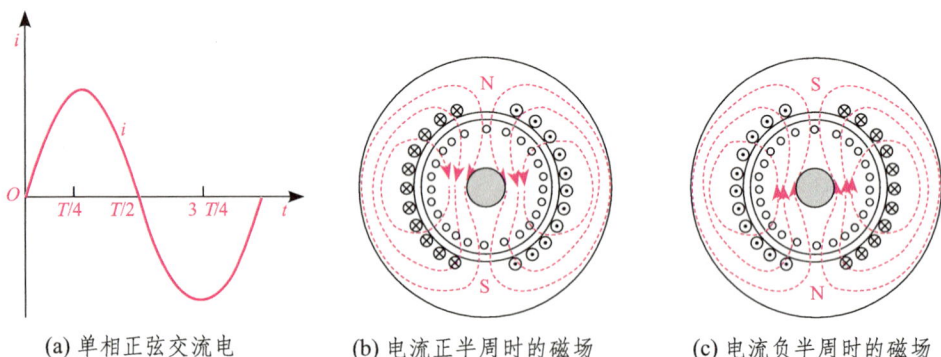

(a) 单相正弦交流电　　　(b) 电流正半周时的磁场　　　(c) 电流负半周时的磁场

图2.7　单相正弦交流电通入一套定子绕组所产生的磁场

2) 在定子的主绕组上并联副绕组,在副绕组上串联电容再通入单相正弦交流电,此时会产生电磁转矩,转子在该转矩的作用下按一定的方向转动。为了说明这一原理,这里给出如图 2.8 所示的实验,在这个实验中,如果蹄形磁铁处于静止状态,则位于磁场中的转子不会转动。

单相异步电动机主副绕组判断

小实验　旋转磁场带动转子转动

　　在摇转蹄形磁铁时，位于磁场中的转子会跟随磁铁旋转方向转动（图2.8）。这说明，当转子所处磁场旋转时，会产生力矩，并带动转子转动，转子旋转方向与磁场旋转方向相同。但是在电动机中，要用这种方式实现转子旋转并不现实，那么在科学上是怎样解决由旋转磁场带动转子转动实现电动机起动这一技术难题的呢？

图2.8　旋转磁场带动转子转动

　　在前面讨论的单相异步电动机的分类中，除罩极式单相异步电动机外，其他类型的单相异步电动机均采用了分相起动的方法，即在它们的定子铁心中，嵌放有两套绕组——主绕组和副绕组。技术上用得最多的是在副绕组上串联电容，包括电容起动式、电容运转式和电容起动运转式。在向电动机定子绕组中通入单相正弦交流电时，可将主绕组看作纯电感线圈，形成感性支路，而副绕组上串联了电容器，形成容性支路，两条支路上的电流在相位上发生了变化。如果副绕组的匝数、嵌线形式、接法和电容量选择恰当，则在向电动机定子绕组中通入单相正弦交流电时，在两套定子绕组中分别形成了相位差为90°电角度的两相电流。在这两相电流的作用下，在定子内圆周空间会产生一个旋转磁场，这个旋转磁场将会带动转子旋转（类似图2.8的实验）。

　　下面进一步探讨定子旋转磁场是怎样产生的。

　　在两套定子绕组中，两相电流的波形图如图2.9（a）所示，它们在定子绕组中所产生的磁场如图2.9（b）所示。可以看出，随着这两相电流按照正弦规律变化一周，则定子内圆周空间的磁场也旋转了一周。与其对应的电流变化形成的旋转磁场如图2.10所示。

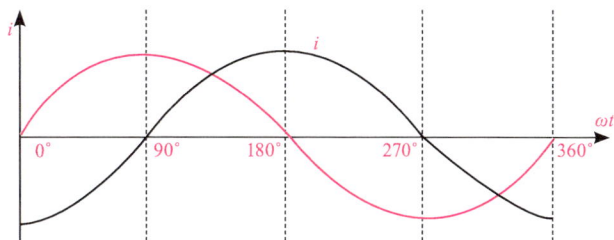

(a) 两相电流波形图

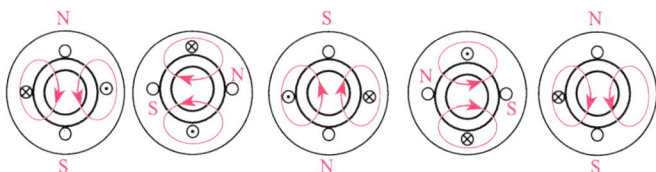

(b) 定子旋转磁场

图2.9　两相电流波形图与定子旋转磁场

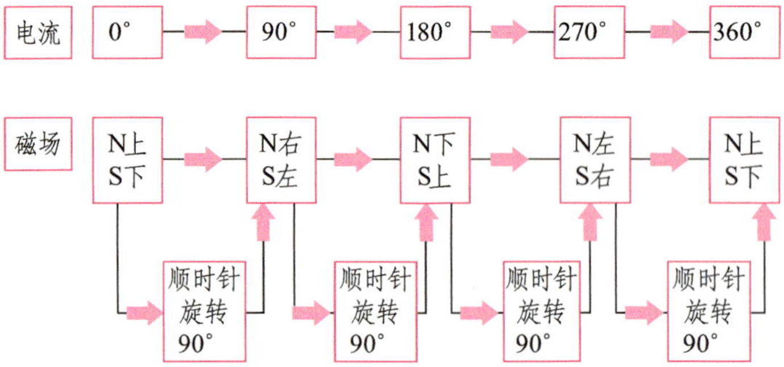

电流	0°	90°	180°	270°	360°

磁场	N上 S下	N右 S左	N下 S上	N左 S右	N上 S下

顺时针旋转90°	顺时针旋转90°	顺时针旋转90°	顺时针旋转90°

图2.10　电流变化形成的旋转磁场

由此可见，当单相电移成两相按照正弦规律周而复始连续变化时，定子内圆周空间中的磁场也将按顺时针方向连续旋转。这个旋转的磁场将在转子绕组上产生电磁感应，在转子绕组中感应出电流，感应电流产生磁场，转子感应电流磁场与定子旋转磁场相互作用产生电磁转矩，使转子沿着定子旋转磁场旋转方向连续转动。

2.1.3　实践操作检测与评价

(1) 认识单相异步电动机

将认识单相异步电动机的相关数据记入表 2.2 中。

表 2.2　认识单相异步电动机的相关数据检测记录

电动机系列、参数、形式	检测结果	配分	实际得分
系列		2	
功率		3	
起动形式		3	
定子铁心长度/ mm		2	
定子铁心内径/ mm		2	
转子有效长度/ mm		2	
转子外径/ mm		2	
定子、转子间气隙长度/ mm		4	
合计		20	

学生（签名）　　　　测评教师（签字）　　　　时间

(2) 熟悉电动机拆装与维修专用电工工具

将电动机拆装与维修专用电工工具的认识情况记入表 2.3 中。

表 2.3　电动机拆装与维修专用电工工具的认识情况检测记录

工具名称	外形图 （自画示意草图）	用途	配分	实际得分
划线板			3	
划针			3	
清槽片			3	
压脚			3	
绕线机			4	
绕线模			4	
合计			20	

学生（签名）　　　　测评教师（签字）　　　　时间

(3) 拆卸单相异步电动机

将单相异步电动机的拆卸过程按要求记入表 2.4 中。

表 2.4　单相异步电动机拆卸过程检测记录

步骤	操作内容	使用工具	工艺要点	配分	实际得分
第一步				14	
第二步				12	
第三步				12	
第四步				12	
第五步				10	
合计				60	

学生（签名）　　　　测评教师（签字）　　　　时间

想一想

1. 在单相异步电动机的零部件中，最关键的是哪两个？它们的作用是什么？

2. 电容运转式电动机在通入单相正弦交流电后是怎样发生转动的？

3. 在单相异步电动机的拆装过程中，哪些地方要特别小心？原因是什么？

任务 *2.2* 连接单相异步电动机的控制电路

任务目标：

　　1. 会按工艺要求正确连接单相异步电动机常用控制电路；

　　2. 了解常用控制电路连接中的工艺要求，掌握其安全要求。

任务描述：

　　根据工艺流程与要求正确连接单相异步电动机的起动、正反转与调速控制电路。

　　1. 连接范围规定为单相异步电动机的电源引出线与控制电器和室内电源之间，不涉及绕组内部；

　　2. 线路连接完毕，通电检测其控制效果。

　　洗衣机工作时，要在正反两个方向旋转，造成洗衣缸内的衣物被压、挤、揉、搓，才能将衣物洗净；不同的衣料，需要洗衣机提供不同的旋转速度，如厚衣料需要高转速才能洗净。

2.2.1 实践操作：连接单相异步电动机的正反转和调速控制电路

1 连接单相异步电动机的正反转控制电路（以洗衣机电动机为例）

　　本任务所需工具、仪表与器材如表 2.5 所示。

　　（1）识读电路图

　　单相异步电动机正反转控制电路图如图 2.11 所示。

　　可实现正反转控制的单相异步电动机多为主绕组和副绕组基本相同的电容运转式单相异步电动机，典型的如洗衣机电动机。

　　在图 2.11 中，当转换开关 QS 置于位置 "1" 时，绕组 L_2 为主绕组，绕组 L_1 与电容器串联，作为副绕组，接通电流时，电动机沿着一个方向转动；当转换开关 QS 置于位置 "2" 时，绕组 L_1 成为主绕组，绕组 L_2 与电容器串联，变为副绕组。随着转换开关位置的转换，两套定子绕组的电流方向和功能也发生变换。理论研究证明，

表 2.5　任务 2.2 所需工具、仪表与器材

类别	名称	型号规格	数量
工具	螺钉旋具	一字形3英寸	1
	螺钉旋具	十字形3英寸	1
	电工刀		1
	镊子		1
	电烙铁	50W内热	1
仪表	万用表	MF47型	1
	转速表	红外线型	1
器材	抽头电抗器		1
	洗衣机电动机		1
	转换开关	洗衣机用	1
	绝缘胶带	腈纶粘胶	适量
	绝缘导线	软线	适量
	焊锡、松香		适量

在两套绕组功能交换的过程中，产生了方向相反的旋转磁场，从而使电动机反转。

(2) 连接电动机正反转控制电路

步骤一 检测关键器材——转换开关。

将万用表置于"R×1k"挡，当两表笔分别接活动触头和位置"0"时(此时为开路状态)，读数为"∞"。若使活动触头分别接通位置"1""2"，将一支表笔接活动触头，另一表笔分别接位置"1""2"，则万用表读数均为零。凡是活动触头没有接通的位置，所测电阻值都是无穷大。

步骤二 参照图 2.11 所示电路图连接电动机正反转实际电路，如图 2.12 所示。

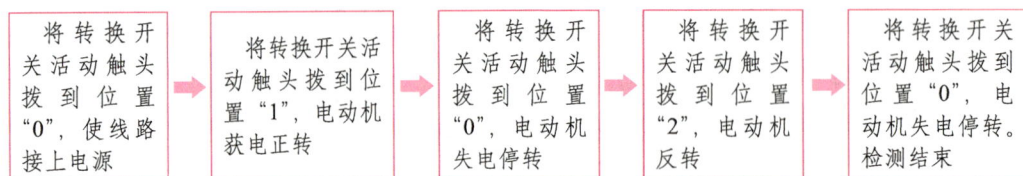

图2.11 单相异步电动机正反转
控制电路图

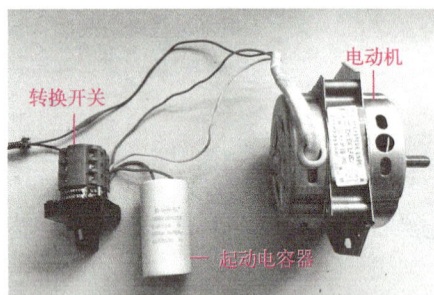

图2.12 单相异步电动机正反转控制
实际接线图

(3) 通电检查

在检查确认图 2.12 的接线正确、焊接牢靠后，按照图 2.13 所示顺序，通电检查电动机的正反转控制效果。

图 2.12 中的转换开关是与洗衣机电动机配套的换向开关。当转换开关的活动触头拨到位置"0"时，电动机无电，转子不转，当活动触头拨到位置"1"时，电动机正转，当活动触头拨到位置"2"时，电动机反转(其中位置"3"这一固定触头未用)。

为了接触良好，同时确保用电安全，所有接头均用电烙铁焊接并处理好绝缘。

单相异步电动机正反转控制电路通电检查顺序如图 2.13 所示。

转换开关控制
电机正反转

转换开关控制电机正
反转电路的连接

通电检查顺序

| 将转换开关活动触头拨到位置"0"，使线路接上电源 | → | 将转换开关活动触头拨到位置"1"，电动机获电正转 | → | 将转换开关活动触头拨到位置"0"，电动机失电停转 | → | 将转换开关活动触头拨到位置"2"，电动机反转 | → | 将转换开关活动触头拨到位置"0"，电动机失电停转。检测结束 |

图2.13 单相异步电动机正反转控制电路通电检查顺序

2 连接串联外置电抗器的调速电路

工具、仪表与器材准备：所需工具、仪表与器材如表2.5所示。

步骤一 识读电路图。

这里介绍的电动机调速都是利用改变定子绕组两端电压来实现的。在图2.14中，当转换开关置于位置"停"时，电动机不转；当转换开关拨到位置"高"时，外置电抗器未串联到电路中，电源电压全部加在定子绕组两端，定子绕组获得电压最高，转速也最高；当转换开关拨到位置"中"时，电抗器线圈一部分串联到电路中，分去一部分电源电压，定子绕组所获电压降低，转速降低到中速；当转换开关拨到位置"低"时，电抗器线圈全部串联到电路中，分去更多电源电压，定子绕组所获电压进一步降低，转速降低到低速。

步骤二 连接串联电抗器的实际调速电路，如图2.15所示。

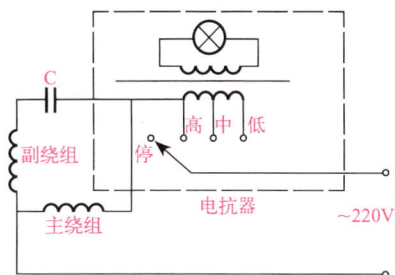

图2.14 串联电抗器的调速电路图

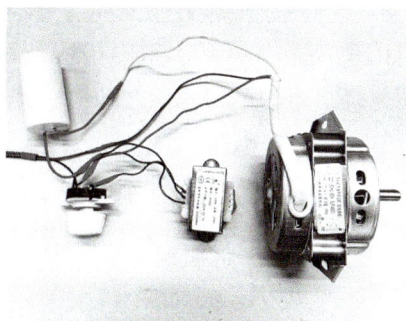

图2.15 串联电抗器调速实际接线图

注意：绕组的三根引出线与电容器、转换开关和电抗器的接线必须正确，否则可能达不到调速效果，严重时还会烧毁电动机或其他器材。

知识窗 连接调速电路的工艺要求

1. 对于洗衣机电动机的三根电源引出线，在技术上通常规定为：红色线接主绕组，蓝色线（或绿色线）接副绕组，黑色线（或黄绿相间色线）接公共端。

2. 转换开关的检测方法同前。

3. 检查电抗器质量时，应粗测其线圈直流电阻和线圈对铁心的绝缘电阻。测线圈直流电阻时，万用表置于"R×1k"挡，电抗器抽头引出线1、3之间的电阻大于其抽头引出线1、2间和2、3间的直流电阻。测绝缘电阻时，万用表置于"R×10k"挡，测得直流电阻应为无穷大。

4. 测电动机转速时用转速表，现在普遍使用的是红外线转速表，在检测时，开启转速表，将转速表靠近运行中的电动机转轴即可测得该电动机转速。

5. 所有接头必须焊牢并处理好绝缘。

步骤三 通电测量电动机的调速效果（图2.16）。

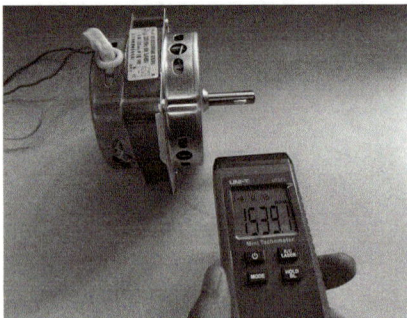

图2.16 用红外线转速表测电动机转速

注意：
1. 反复检查图2.16的线路，确认接线正确、牢靠后方可通电。
2. 用红外线转速表测量时，转速表靠近电动机转轴但不能接触。

3 连接用定子绕组抽头调速的调速电路

工具、仪表和器材准备：将表2.5中只有主绕组和副绕组的电动机（只有三根引出线）换成加有中间绕组（调速绕组）的单相异步电动机，其余相同。

步骤一 识读电路图。

绕组抽头调速的电动机控制电路有多种，这里选用洗衣机电动机普遍采用的L-2型绕组抽头调速电路图，如图2.17所示。

该电路的结构特点是中间绕组串联在副绕组支路并与副绕组嵌放于同一嵌线槽内。当转换开关拨到位置"停"时，电动机无电；当拨到位置"高"时，电源电压

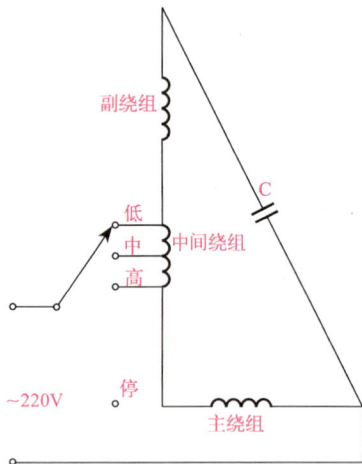

图2.17 L-2型绕组抽头调速电路图

全部加在主绕组上，负责工作的主绕组获得的电压高，转速也高；当拨到位置"中"时，中间绕组一部分串入主绕组电路，分去一部分电源电压，导致电动机转速降低；当转换开关拨到位置"低"时，中间绕组全部串联在主绕组支路中，中间绕组分去更多的电源电压，此时主绕组获得的电压更低，电动机转速进一步降低。

步骤二 连接L-2型绕组抽头调速的实际电路（图2.18）。

L-2型绕组抽头调速电路中采用的电动机引出线有六根，其中白色和灰色软导线接电容器，蓝色软导线接电源一端（电源另一端接转换开关），红色、棕色、橙色软导线分别

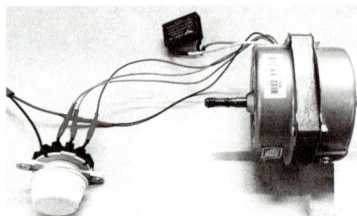

图2.18 L-2型绕组抽头调速实际接线图

注意：电动机中间绕组的中间抽头是封闭在电动机中的，只能靠仪表检测，该任务所用电动机中间抽头引线线采用棕色软导线，不能接错。其他电动机中间抽头如果用另外的色线，那么必须重新检测。

接转换开关。应该注意的是，棕色软导线接转换开关的位置"中"，它是电动机中间绕组中间抽头的引出线。

本任务在安全方面的要求与任务 1.2 相同，除接头必须牢靠焊接外，还必须用绝缘胶带包缠好所有可能带电的裸露部分，之后才可通电检测。

步骤三 测量转速（图 2.19）。

在本任务中，只要中间绕组的中间抽头不接错（应该接在转换开关的位置"中"），就不难实现高、中、低的调速效果。还需注意电动机引出线中的红色软导线接的是主绕组，它应该接转换开关的位置"高"。

> 注意：测电动机转速的工艺要求与检测外置电抗器调速电路的工艺要求相同。

图2.19 测电动机转速

2.2.2 相关知识：单相异步电动机的绕组抽头调速电路

在 2.2.1 节中完成了 L-2 型绕组抽头调速电路的接线任务，该电路属于 L 型绕组抽头调速电路的一种。在技术上，就 L 型绕组抽头调速电路而言，还有 L-1 型和 L-3 型两种。除此之外，T 型绕组抽头调速电路应用也较普遍。下面分别介绍这三种电路的结构及其调速原理。

1 L-1型绕组抽头调速电路

如图 2.20 所示，中间绕组串联在主绕组支路中，与主绕组同相位，且与主绕组嵌放于同一嵌线槽中。不难看出，当转换开关拨到位置"高"时，电源电压全部加在主绕组上，电动机高速运转；当转换开关拨到位置"中"时，电源电压被中间绕组分去一部分，主绕组所获电压降低，电动机只能"中"速运转；当转换开关拨到位置"低"时，中间绕组全部串联到主绕组支路中，分去更多电源电压，电动机只能"低"速运转。

2 L-3型绕组抽头调速电路

如图 2.21 所示，中间绕组仍然与主绕组串联并与之同相位。在电路结构上，与 L-2 型相比，它只是交换了主绕组与中间绕组的位置，工作原理仍是相同的。

3 T型绕组抽头调速电路

如图 2.22 所示，它与上述电路在结构上的区别是，它的中间绕组接在主绕组和副绕组之外，既可以与主绕组同相位，也可以与副绕组同相位。在定子铁心中，它还与主绕组嵌放于同一嵌线槽中。从图 2.22 中可以看出，其在结构上与串联外置电抗器调速电路十分相似，两者的工作原理也相同。读者可参照串联外置电抗器调速电路自行分析。

图2.20 L-1型绕组抽头调速电路图　图2.21 L-3型绕组抽头调速电路图　图2.22 T型绕组抽头调速电路图

2.2.3 实践操作检测与评价

(1) 检测转换开关在下列情况下的电阻值（Ω）

将检测结果记入表 2.6 中。

表 2.6　检测转换开关质量测评记录

转换开关活动触头位置	位置"0"			位置"1"			位置"2"			配分	实际得分
挡位	接通0	接通1	接通2	接通0	接通1	接通2	接通0	接通1	接通2	—	—
电阻值										27	

(2) 检测电抗器绕组直流电阻（Ω）及其对地绝缘电阻（MΩ）

将检测结果记入表 2.7 中。

表 2.7　检测电抗器相关数据测评记录

检测项目	1、3抽头间直流电阻	1、2抽头间直流电阻	2、3抽头间直流电阻	对地绝缘电阻	配分	实际得分
万用表挡位	挡位	挡位	挡位	挡位	—	—
检测结果					24	

(3) 检测电动机正反转控制效果

将检测结果记入表 2.8 中。

表 2.8　检测电动机正反转控制效果测评记录

转换开关活动触头位置	转子转向（顺时针或逆时针）	转速 / (r·min^{-1})	配分	实际得分
拨通0-1			10	
拨通0-2			9	

(4) 检测电动机调速电路的调速效果

将检测结果记入表 2.9 中。

表 2.9　检测电动机调速控制效果测评记录

调速电路类型	串联外置电抗器调速			绕组抽头调速（L-2型）			配分	实际得分
转换开关挡位	"高"	"中"	"低"	"高"	"中"	"低"	—	—
电动机转速							30	

想一想

1. 有哪些办法可以使电动机反转？

2. 本任务中所涉及的几种调速电路分别是通过什么途径实现调速的？

3. 电动机绕组抽头调速的本质是什么？它与串联外置电抗器调速有哪些异同点？

任务 *2.3* 拆换单相异步电动机绕组

任务目标：

1. 会拆除单相异步电动机旧绕组并换入新绕组；

2. 掌握单相异步电动机绕组拆换中的工艺要求、安全操作要求及规范。

任务描述：

绕组的换修是电动机维修中的难点，在技术上属于"大修"范围。随着单相异步电动机的普及，熟练掌握这一技能显得更有必要。本任务除要正确拆除旧绕组外，还要完成绕组换新并通过通电测试。

为了方便以后的练习，在电动机的绕组换新工序中，省去了烘烤与浸绝缘漆的步骤，所以本任务的实践操作程序如下：

拆除前的准备 ➡ 拆除旧绕组 ➡ 绕制新线圈 ➡ 嵌线入槽

➡ 端部接线 ➡ 端部处理 ➡ 检测

特别提示

严格遵照电动机的数据要求拆换与处理好各个部位的绝缘是绕组换修成功的两大关键因素，在拆换中应特别注意。

酷热的盛夏，人们通常会使家中的电风扇长时间通电旋转，以解暑气。连续的通电发热，加之环境温度又高，电风扇电动机绕组难免被烧毁。如果此时买不到新的电风扇，又找不到人修理，但自己能够修复，那就方便多了。对于电工电子类专业的学生，这是一项不可缺少的技能。

2.3.1　实践操作：电动机绕组的拆换

1　拆换前的准备

本任务所需工具、仪表与器材如表 2.10 所示。

表 2.10　任务 2.3 所需工具、仪表与器材

类别	名称	型号规格	数量	类别	名称	型号规格	数量
工具	划线板		1	工具	尖嘴钳		1
	清槽片		1	仪表	万用表	MF47型	1
	划针		1		兆欧表	500V	1
	压脚		1		转速表	红外线型	1
	绕线机		1	器材	电风扇电动机	无中间绕组	1
	绕线模		1		电磁线	线径为0.27mm	适量
	活扳手	8英寸	1		绝缘纸	0.20mm聚酯薄膜	适量
	电工刀		1		电容器	1.2μF/400V	1
	錾子		1		绝缘软导线	红色、蓝色、黑色、绿色、白色	适量
	锤子	0.5磅	1		绑线	耐高温棉织线	适量
	电烙铁	50W	1		绝缘套管	玻璃丝漆管	适量

2　拆除旧绕组，绕制并嵌放新绕组

（1）拆除旧绕组

单相异步电动机体积小、功率小、绕组线径也小，旧绕组的拆除比较容易，一般不需加热拆除，而用冷拆法。冷拆法有多种，对于微型电动机，通常采用以下两种方法。

方法一：用电工刀、尖嘴钳、划针等将旧绕组从嵌线槽中逐根或逐束拉出，其操作步骤如图 2.23 所示。

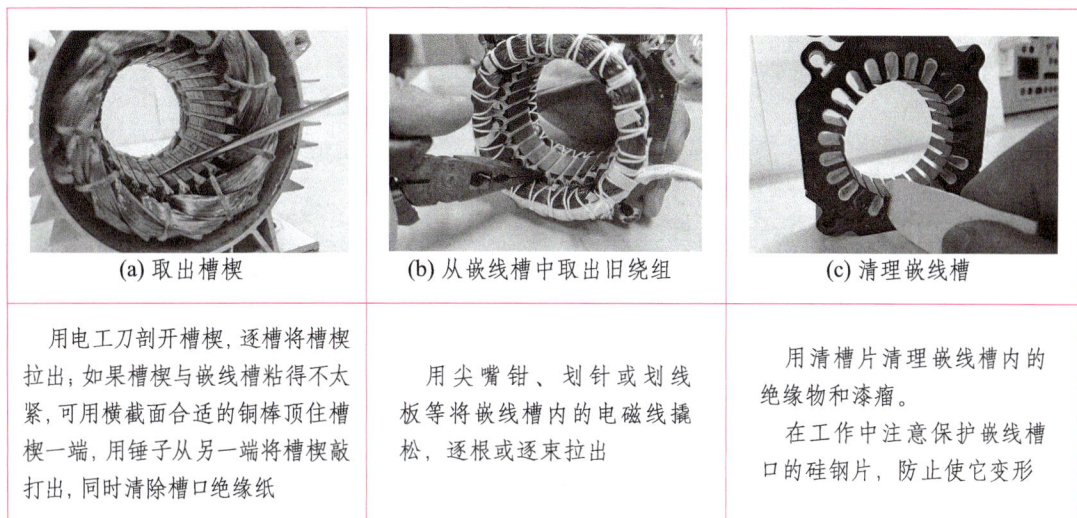

(a) 取出槽楔	(b) 从嵌线槽中取出旧绕组	(c) 清理嵌线槽
用电工刀剖开槽楔，逐槽将槽楔拉出，如果槽楔与嵌线槽粘得不太紧，可用横截面合适的铜棒顶住槽楔一端，用锤子从另一端将槽楔敲打出，同时清除槽口绝缘纸	用尖嘴钳、划针或划线板等将嵌线槽内的电磁线撬松，逐根或逐束拉出	用清槽片清理嵌线槽内的绝缘物和漆瘤。 在工作中注意保护嵌线槽口的硅钢片，防止使它变形

图 2.23　拆除旧绕组方法（一）

知识窗　拆除旧绕组的工艺过程（方法一）

1. 全部解体电动机，将其他零部件妥善保存，只留下定子等待加工。
2. 用电工刀或清槽片除去定子铁心嵌线槽封口处的槽楔，剖开槽口绝缘物，如图2.23(a) 所示。
3. 用手或尖嘴钳逐根或逐束拉出槽内旧电磁线，如图2.23(b)所示。
4. 除去嵌线槽内残存的绝缘物，清洁嵌线槽，为嵌放新绕组做好准备，如图2.23 (c)所示。
5. 安全要求：在整个操作过程中一定要保护好铁心，特别是它的端部槽口部分。

方法二：用錾子錾断绕组端部，再用铜棒将旧绕组逐槽捅出，其操作步骤如图 2.24 所示。

知识窗　拆除旧绕组的工艺过程（方法二）

1. 工作台上垫好橡胶垫，将定子放在橡胶垫上。
2. 两人操作时，可一人握牢定子，另一人用錾子和锤子逐槽錾断定子绕组端部（如有台虎钳，可将定子铁心夹紧在台虎钳上，一人操作即可），如图 2.24 (a) 所示。
3. 用横截面与嵌线槽截面相近的铜棒抵住嵌线槽端部的绕组断面处，用锤子敲打，逐槽捅出旧绕组，如图 2.24 (b) 所示。
4. 清洁嵌线槽，为嵌放新绕组做好准备，如图 2.24 (c) 所示。
5. 安全要求：这种操作方法比方法一更加简单快捷，但容易损坏铁心，特别是铁心两端的槽口部分，操作时务必小心谨慎。

 (a) 錾断绕组端部	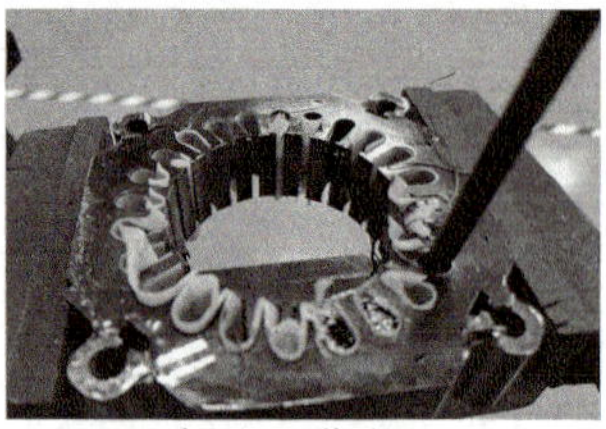 (b) 捅出旧绕组	 (c) 清理嵌线槽
掌握好錾子口部与铁心端面的角度，使其刚好在嵌线槽口部将绕组束錾断。工作中一定要注意保护铁心端部的硅钢片	正确选择铜棒的横截面，力求与嵌线槽横截面相近但要略小。捅出绕组时，槽楔应被一并捅出，不需要单独取出槽楔	工艺要点同图2.23 (c)

图 2.24　拆除旧绕组方法（二）

(2) 记录相关数据

记录相关数据的目的是为制作、嵌放、连接新绕组做好准备。在拆除旧绕组之前或进行过程中，应该按照表 2.11 的要求记录数据，以供后面绕制新线圈、嵌放新绕组、端部接线时使用。如果没有这些数据，后面的操作只能按空壳电动机重新计算。

本实践操作采用的电风扇电动机的某些数据没有且无法查询，可以不记入表 2.11 中。表中有些专用名词术语见 2.3.2 节。

表 2.11　电风扇电动机有关数据记录

铭牌数据	型号_____，功率_____，频率_____，电压_____，电流_____，温升_____，转速_____，配用电容_____						
绕组数据	绕组名称	线径	支路数	节距	匝数	嵌线形式	端部伸出长度
	主绕组						
	副绕组						
铁心数据/mm	内径		长度		总槽数		槽深

(3) 学习使用绕线模

由于利用绕线模可以在一定范围内任意调整尺寸，可以绕制多种不同尺寸和形式的线圈，因此习惯上又称绕线模为万能绕线模（图2.25）。

图2.25　绕线模

绕线模的使用方法是：先确定线圈内径，接着松开绕线模的两颗翼形螺钉，然后按照线圈尺寸的要求，根据铁支架上所标明的周长尺寸调整两片模心的距离，最后固定两颗翼形螺钉。

线圈内径的确定方法是：一般在拆除旧线圈时，留下一个完整线圈，它的内径就是新线圈的内径。

绕制线圈的步骤与工艺要求如下。

1) 先将绕线模固定在绕线机转轴上。

2) 按下绕线机复位开关，计数器表盘指针回到零位，把将要绕制线圈的线头固定在绕线模的螺钉上，并在绕线槽中安放棉质绑扎线。

3) 右手以顺时针方向均匀摇动绕线机的手摇杆，左手掌握好电磁线与绕线模之间的角度，每匝线圈的排列要整齐，不得有交叉、曲折和打绞，如图2.26（a）所示。

4) 按照线圈的规定匝数（通过查看绕线机计数器读数确定）绕制完成后，用绑扎线将线圈捆住以防散乱。再从绕线机上取下绕线模，最后从模心上脱出线圈，如图2.26（b）所示。

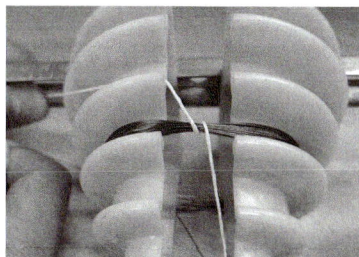

(a) 绕制新线圈	(b) 绑扎并取下线圈
习惯上规定用右手均匀摇动绕线机手柄，左手适当着力拉住电磁线并掌握好电磁线与绕线模之间的角度，使线圈排列整齐	线圈绕制完成后，先在相对的两点绑扎，再松开绕线模的翼形螺钉，缩小绕线模两片模心的距离，取下线圈

图2.26　绕制线圈的步骤与工艺要求

(4) 嵌线入槽

嵌线入槽的步骤与工艺要求：

1) 在定子嵌线槽内安放槽绝缘(纸)。槽绝缘长度以两端伸出铁心端面 5 ～ 8mm 为宜，宽度以铺满嵌线槽后伸出槽口部分两边各长 8 ～ 10mm 为宜(代替引槽纸，待线圈嵌完后剪去多余部分)，如图 2.27（a）所示。

2) 将线圈有效边（嵌入嵌线槽的边）放入槽绝缘中间，沿着铁心轴向来回拉动线圈，使其部分入槽，未入槽的，用划线板分束划入槽内并整理平服。若嵌线困难，可用压脚将槽内电磁线压紧，继续嵌线入槽，如图 2.27（b）所示。

3) 剪去引槽纸，用划针包卷槽绝缘使其包住槽内电磁线，再打入槽楔，如图 2.27（c）所示。

4) 全过程注意保护好电磁线，不得碰触铁心和硬金属，以免损伤绝缘，造成短路。

 (a) 安放槽绝缘（纸）	 (b) 嵌线入槽	 (c) 打入槽楔
为了提高工作效率，在制作槽绝缘时，除了将其长度控制在两端伸出嵌线槽 5 ～ 8mm，还要将其宽度加大，当其嵌入嵌线槽后，有足够的伸出余量，以代替引槽纸	用划线板将电磁线划入嵌线槽时，必须将电磁线划直理顺，不得有交叉、曲折和打绞，否则将造成嵌线困难	用剪刀剪去多余的槽绝缘时，适当留余量，使其能在槽口处完全包裹住槽内电磁线。在用压脚将槽绝缘及槽内电磁线压实后，才能打入槽楔

图 2.27　嵌线入槽的步骤与工艺要求

(5) 按嵌线槽排列的嵌线顺序嵌线

主、副绕组应在空间成 90° 电角度以形成旋转磁场，所以主、副绕组都有严格的嵌线规律。

示例 **电风扇电动机绕组常用的两种嵌线形式**

电风扇电动机多为16槽4极，它的极距为4，节距为3。电风扇电动机的嵌线形式有两种：二平面式和单层链式。现在绝大多数电风扇电动机使用二平面式。所谓二平面式是指将主绕组嵌放在铁心中的一层中（一般在外层），而副绕组嵌放在另一层中（一般在内层），如图2.28（a）所示。

单层链式绕组是指主、副绕组互相交叠，后一层线圈端部压在前一层线圈端部上，使端部呈链式形状，如图2.28（b）所示。

(a) 二平面式绕组

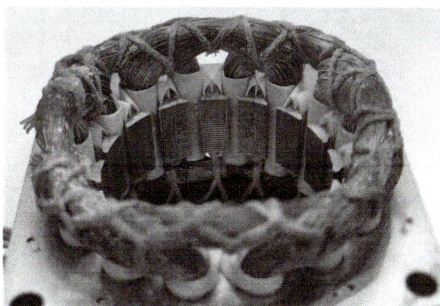

(b) 单层链式绕组

图2.28 电风扇电动机绕组的两种嵌线形式

绕组的嵌线顺序如图2.29所示。图中，图中，以不带圈的数字（如1、2、3、…）表示嵌线槽编号，以带圈的数字（如①、②、③…）表示线圈编号。

二平面绕组嵌线顺序如下。

主绕组：①嵌2、5槽；②嵌6、9槽；
　　　　③嵌10、13槽；④嵌14、1槽。

副绕组：①嵌4、7槽；②嵌8、11槽；
　　　　③嵌12、15槽；④嵌16、3槽。

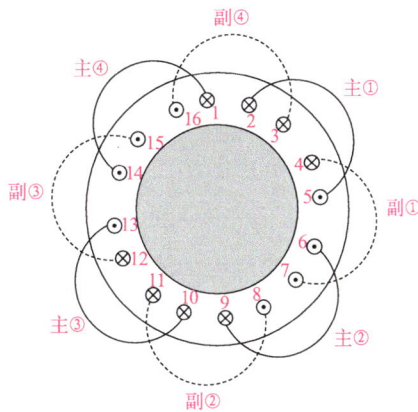

图2.29 绕组的嵌线顺序

广角镜

参照图2.29，单层链式绕组的嵌线顺序为：

主①嵌2槽→副①嵌4槽→主①嵌5槽→主②嵌6槽→副①嵌7槽→副②嵌8槽→主②嵌9槽→主③嵌10槽→副②嵌11槽→副③嵌12槽→主③嵌13槽→主④嵌14槽→副③嵌15槽→副④嵌16槽→主④嵌1槽→副④嵌3槽。

3 **连接绕组线头线尾，加工整理绕组端部**

(1) 清理各个线圈的首尾端

步骤一 确定每个绕组的引出线。

全部绕组嵌完后，每个绕组的引出线如图 2.30 所示。

图 2.30　各个绕组的引出线

注意：对于16槽电动机，共有8个线圈，每个线圈2根引出线，共16根引出线。

这16根引出线按照什么规律连接？怎样连接才能使主、副绕组在定子圆周上形成90°电角度的相位差？关键是要确定出每个线圈的线头和线尾。

步骤二 确定主绕组每个线圈的线头、线尾。

4 个主绕组线头、线尾示意图如图 2.29 所示。

交流电是不断变化的，为了能确定线圈的线头、线尾，必须先假定某一时刻的瞬时电流方向。瞬时电流流进绕组用 $\otimes$ 表示，流出绕组用 $\odot$ 表示。

在四极（两对磁极）电动机中，主、副绕组各有两对磁极。这里先分析主绕组磁极分布，从而确定其线圈首尾端。主、副绕组虽然各有两对磁极，但它们的相同磁极相邻，所以电动机对外也只显示两对磁极。

从图 2.29 中可以看出，主绕组所占嵌线槽槽号为（1、2），（5、6），（9、10），（13、14）。

以主绕组①最先嵌入的 2 槽为进（首端），即为 $\otimes$，为了形成一个磁极，主绕组④的 1 槽必然为 $\otimes$，而主绕组①的跨距是 2—5，则 5 槽电流为 $\odot$；同理，主绕组②的 6 槽为 $\odot$，9 槽为 $\otimes$；主绕组③的 10 槽为 $\otimes$，13 槽为 $\odot$；主绕组④的 14 槽为 $\odot$，1 槽为 $\otimes$。总结而言，在主绕组中，（1、2），（9、10）槽的引出线上有瞬时电流流进，它们分别是各自线圈的线头；（5、6），（13、14）槽的引出线上有瞬时电流流出，它们分别是各自线圈的线尾。

注意：这里举例2槽有瞬时电流流进，只是为了更清楚地说明问题。在技术上，在主绕组所占据的8个嵌线槽中，假定任何一个槽均可流进瞬时电流。只是假定的1槽中瞬时电流的方向变化后，其他嵌线槽的瞬时电流方向将随之发生变化。

结论：*每个线圈以电流流入端为线头，流出端为线尾，由此才能形成图2.29中的四极磁场。*

步骤三 确定副绕组每个线圈的线头、线尾。

副绕组中各个线圈线头、线尾分布如图 2.31 所示。

这种 16 槽四极电动机，前槽与后槽之间的电角度为 45°，要在主、副绕组之间形成 90° 电角度的相位差，两绕组必须相隔 2 槽，所以副绕组首先在 4 槽嵌线，且电流方向定为⊗。

> **注意**：主绕组①首先嵌入 2 槽，在分析绕组内部瞬时电流方向时将其定为⊗。而副绕组又首先嵌入 4 槽，为什么也将它定为⊗呢？

从图 2.31 中可以看出，副绕组占据的嵌线槽槽号为（3、4），（7、8），（11、12）和（15、16）。若副绕组①的 4 槽为⊗，则 7 槽为⊙；副绕组②的 8 槽为⊙，11 槽为⊗；副绕组③的 12 槽为⊗，15 槽为⊙；副绕组④的 16 槽为⊙，3 槽为⊗。总结而言，在副绕组中，（3、4），（11、12）槽的引出线上有瞬时电流流进，它们分别为各个线圈的线头；（7、8），（15、16）槽的引出线上有瞬时电流流出，它们分别为各个线圈的线尾。

副绕组采用的标注法与主绕组一样，标有⊗的为副绕组线头，标有⊙的为副绕组线尾。

从图 2.31 可以看出，副绕组也形成了四极磁场。

> **注意**：这里假定副绕组 4 槽有瞬时电流流进。根据确定主绕组中瞬时电流的规律，也可假定副绕组所占据的其他嵌线槽有瞬时电流流进，当然，1 槽瞬时电流发生变化，必然引起其他槽瞬时电流随之发生变化。

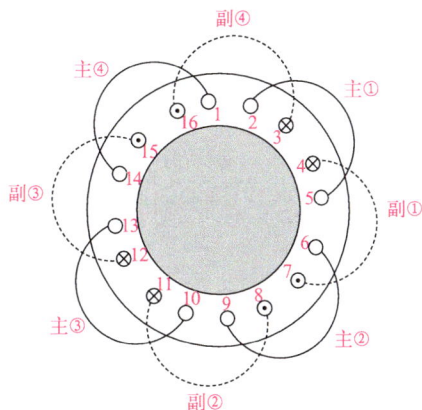

图2.31 副绕组中的瞬时电流方向

(2) 将主绕组的 4 个线圈连接成完整绕组

主绕组 4 个线圈连接成完整绕组的规律如图 2.32 所示。

电动机绕组换修的难点是端部接线，而端部接线的难点又是正确梳理各个嵌线槽中瞬时电流的方向。

确定瞬时电流方向后，将主绕组或副绕组各自的 4 个线圈串联即可。即在绕组内部，电流从一个线圈流出后，应该流入下一个线圈。

照此规律，外电流流进主绕组的 2 槽后，从 5 槽流出的电流可以流进 9 槽、10 槽、1 槽（即只要标有 ⊗ 的线头都可连线）。这里将它连接到 1 槽，由此形成如下接线顺序：

$$\text{首端（进线）} \quad (2-5) \quad (1-14) \quad (10-13) \quad (9-6) \quad \text{尾端（出线）}$$

(3) 将副绕组的 4 个线圈连接成完整绕组

副绕组中 4 个线圈的接线规律如图 2.33 所示。

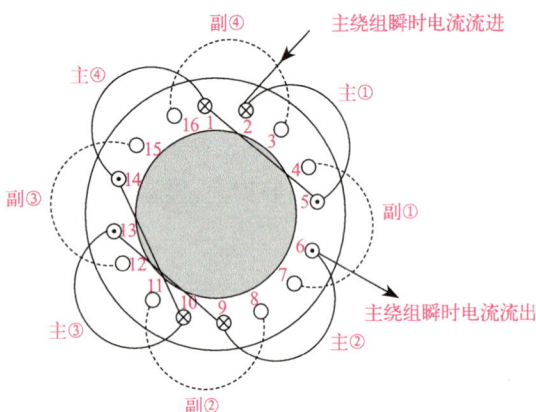

图2.32　主绕组接线规律　　　　图2.33　副绕组接线规律

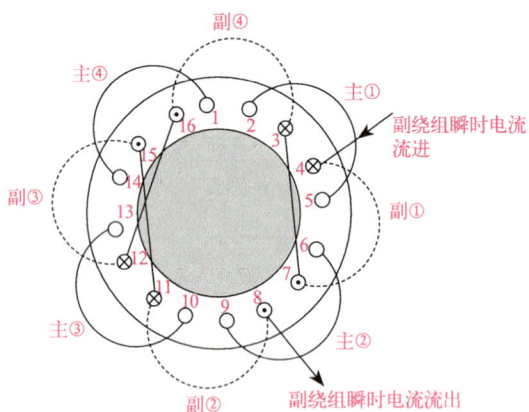

副绕组 4 个线圈之间的接线规律与主绕组相似，只是为了使主、副绕组之间形成 90° 电角度的相位差，副绕组与主绕组之间必须相隔两个嵌线槽。

如前所述，若以 4 槽为副绕组的进线，则有：

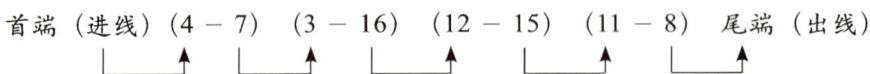

$$\text{首端（进线）} \quad (4-7) \quad (3-16) \quad (12-15) \quad (11-8) \quad \text{尾端（出线）}$$

(4) 连接电源引出线

整个电动机的端部电源引出线的连接规律如图 2.34 所示。

从图 2.34 中可以看出，当主、副绕组各自内部的 4 个线圈连接完成后，只剩下 4 个线头，即主绕组的进出线头和副绕组的进出线头。

图2.34 端部电源引出线的连接规律

注意：在焊接主、副绕组尾端之前，应先检测主、副绕组各自的直流电阻和对铁心的绝缘电阻并做好记录。如有不合要求者，应立即处理。其检测方法见本小节"3.电动机的检测"部分相关介绍。

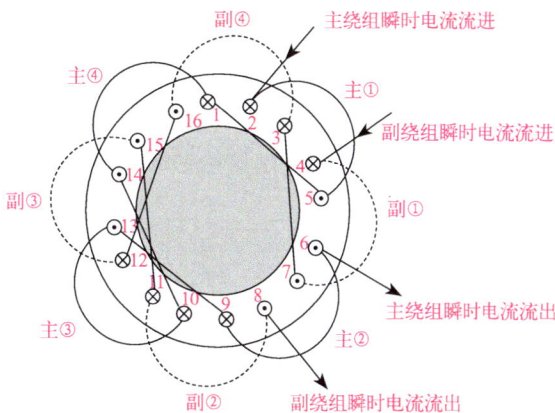

将主、副绕组的两根线尾焊接在一起作为公共端，并用黑色软导线引出机壳，将主、副绕组的线头分别用红色和蓝色绝缘软导线连接后一并引出机壳，这三种引至机壳外的绝缘软导线就是电动机的三根电源引出线。由于起动电容器安放在机壳外，因此连接时还应在副绕组的一个端头上分断，引出其他颜色的两根绝缘软导线在机壳外与起动电容器。为了方便焊接线头、线尾，电动机中通常配套一块专用焊接片，用于焊接绕组的首、尾线头和引出线，最后连同所有引出线一起绑扎于绕组端部。

检测电机绕组与铁芯之间的绝缘电阻

知识窗 **焊接步骤和工艺要求**

无论是绕组本身的线头、线尾或者对外引出线的焊接，均需按照以下步骤和工艺要求进行。

1. 将线圈线头多余部分剪去，用细砂布轻轻擦去待焊部位的绝缘漆并立即镀上锡。

2. 将要焊接的一端套上绝缘套管（一般用玻璃丝漆管）。

3. 焊接线头。

4. 处理线头绝缘：用黄蜡绸等薄型绝缘织物包裹线头后再套上玻璃丝漆管。

(5) 绕组端部的处理

为了便于电动机的装配，在上述工序完成后，还需对绕组的两个端部进行加工，达到整齐、美观、紧实、耐用、便于转子进出的目的。绕组端部处理参照图 2.35 并按以下步骤和工艺要求进行。

绕组端部处理工序：端部整形→安放端部绝缘纸→端部绑扎。

步骤一 端部整形。

端部整形的目的是将绕组端部整理规范、成形、紧实并扩成喇叭口，便于转子进出；端部整形时，一般电动机用垫打板保护，再用锤子敲打。对于电风扇电动机，由于电磁线径小，绕组比较柔软，可直接用手整形，扩成喇叭口，如图 2.35（a）所示。

步骤二　安放端部绝缘纸。

为了避免主、副绕组间发生短路，应在主、副绕组之间插入绝缘纸。安放时，先将绝缘纸剪成与绕组端部相同的形状，再用划线板理出缝隙并将绝缘纸插入，直到下端接触铁心端面为止，如图 2.35（b）所示。

步骤三　端部绑扎。

绑扎时注意将连接线、引出线和焊片理顺，再用耐高温的棉织线绑扎，如图 2.35（c）所示。

至此，绕组换新已全部完成，接下来是整体装配，为下一步的检测做好准备。

	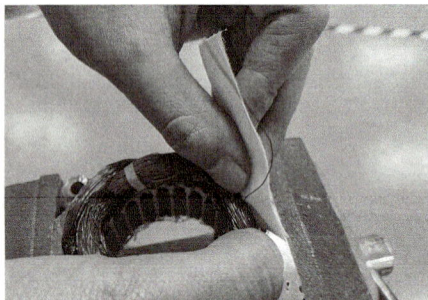
(a) 端部整形	(b) 安放端部绝缘纸
双手适当用力，将绕组端部向外扩成喇叭口，注意喇叭口四周必须均匀整齐，不得弄乱和弄断端部的电磁线和各引出线	端部绝缘纸应插到端部绕组根部，完全隔绝主、副绕组；切忌插入主绕组或副绕组内部

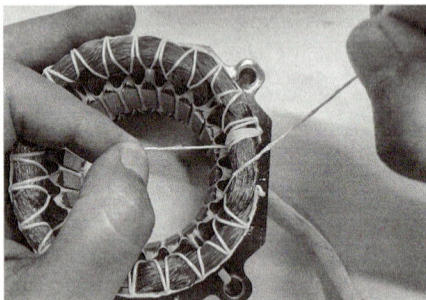

(c) 端部绑扎

注意将焊片、绕组引出线与绕组端部绑扎在一起，做到整齐、美观、坚实、耐用。引出线的出线方向力求靠近端盖引出线孔

图2.35　绕组端部处理

4　电动机的检测

(1) 通电前的检测

步骤一　检查外观和装配质量。

电动机装配完工后，注意检查外观，看零配件是否完好、齐全、到位，紧固件是否紧固，

注意：

1. 用万用表或电桥检测红色、蓝色线之间的主绕组直流电阻。
2. 检测黄色、蓝色线之间的副绕组直流电阻。
3. 红色、黄色线之间的直流电阻应接近主、副绕组直流电阻之和。

转子转动是否灵活，引出线及电容器的连接是否正确。

步骤二 检测绕组直流电阻。

在焊接主、副绕组尾端时，已经检查过它们各自的直流电阻并有数据记录，这里主要是复查，看装配后的数据有无变化，如图2.36所示。

图2.36 绕组直流电阻的检测

步骤三 检测绕组与铁心之间的绝缘电阻。

1) 校验兆欧表。检测绝缘电阻用兆欧表，在检测前应校验兆欧表是否可用。兆欧表的校验方法如图 2.37 所示。

2) 利用兆欧表检测绕组与铁心之间的绝缘电阻，如图 2.38 所示。

(a) 开路校验	(b) 短路校验
将兆欧表引出线开路，均匀摇转手柄，在转速达到120r/min时，指针应指向∞	在摇转手柄时，将两根引出线端的鳄鱼夹瞬间碰触，指针应立即指零。满足上述两个条件的兆欧表工作正常

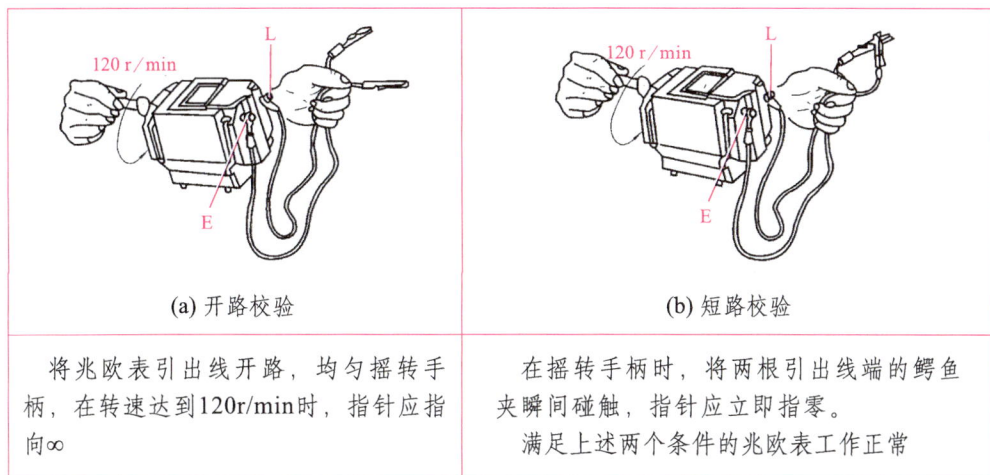

图 2.37 兆欧表的校验方法

图2.38　绕组与铁心之间的绝缘电阻检测

注意：将兆欧表"L"接线端连接电动机电源引出线的任意一根线头，"E"接线端连接电动机机壳，均匀摇转手柄，当转速达到120r/min左右且表针平稳时所指示的数值，就是绕组与铁心之间的绝缘电阻，一般应大于0.5MΩ。

(2) 通电检查

步骤一　观察电动机的起动和运转情况。

在完成通电检查前的项目并确定无误的情况下，接通电源，观察电动机的起动和运转情况：起动是否顺利、转速是否均匀、机身是否抖动、有无不正常噪声等。如果正常，则可以进行下面的检测。

步骤二　检测空载电流。

检测空载电流的接线如图 2.39 所示。在检测前应该估算出空载电流的范围，以便正确选择交流电流表的量程。在电工技术的检测中得出，1kW 单相负载的额定电流约为 4.5A，只要知道负载的功率，即可估算出它的负载电流范围。对于电风扇电动机，它的功率通常为 60 ～ 70W。这里以 66W 的电风扇电动机为例，它的工作电流约为 300mA，选用 500 ～ 1000mA 的交流电流表即可。因为电动机属于电感性负载，起动电流大，电流表量程应选择偏大的。

注意：将交流电流表串联到电动机外电路中（主、副绕组的红色和蓝色线头已经合并），接通电源，使电动机通电运转，其正常的现象是，起动瞬间，电流很大；随着转速的升高，电流逐渐减小，当转速稳定后，电流也随之稳定，此时的稳定电流值就是该电动机的空载电流值。

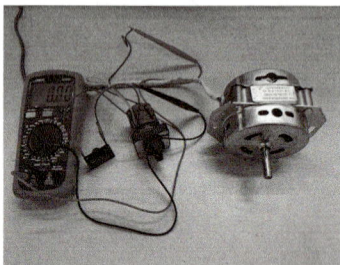

图2.39　检测空载电流的接线

(3) 检查电动机温升

电风扇电动机属于微型电动机，检查其温升时采用简单的人体感触方式即可，如图 2.40 所示。

图2.40　检查电动机温升

注意：使电动机通电，连续运转30min以后（如果条件允许，最好通电60min后检查），用手背触摸机壳，如果有温热的感觉，手背贴靠在机壳上几分钟都能忍受，则说明温升正常；如果机壳烫手，不能忍受，则说明电动机过热，出现故障（用手背感触是避免机器一旦漏电，人体发生痉挛而更加握紧带电体）。

2.3.2 相关知识：电动机维修中的专用名词与术语

1 极距

图 2.41 和图 2.42 所示为 16 槽电风扇电动机铁心圆周的电角度、嵌线槽内绕组中瞬时电流流向和磁场分布情况。从图 2.42 中可以看出，在这个电动机的定子铁心圆周产生了 4 个磁极（用右手螺旋定则判断），共有 N/S 两对磁极，因一对磁极对应着铁心圆周 360° 电角度，所以该定子铁心圆周有 720° 电角度。磁极对数用 p 表示，这个电动机的磁极对数 $p=2$。

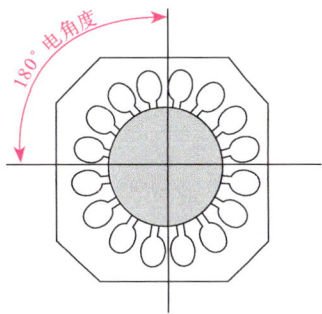

电机专业术语——极距

图2.41　铁心圆周的电角度　　图2.42　瞬时电流流向和磁场分布

极距为电动机两个异性磁极之间的距离，实际上多用铁心的槽数计算，其计算公式为

$$\tau = z/2p$$

式中，z——定子铁心总槽数；

p——磁极对数。

对于 16 槽四极电动机，其极距 $\tau = z/2p = 16/(2 \times 2) = 4$（槽），如图 2.41 所示。

2 节距（又称跨距）

节距是指定子线圈两个有效边所跨的嵌线槽数，用 Y 表示。极距为 4 的线圈，相当于从 1 槽跨 4 槽，即节距为 $Y = 4 - 1 = 3$（槽）。

3 每极每相槽数（简称极相槽）

每极每相槽数指的是在每一个磁极中，每相电流所占的嵌线槽数，用 q 表示，其计算公式为

$$q = z/2pm$$

式中，q —— 每极每相槽数；

m —— 电流相数。

在 16 槽四极电动机中，副绕组中的电流经电容器移相 90° 电角度后，与主绕组中的电流形成两相电流，所以 m=2，则这个电动机的每极每相槽数为

$$q = z/2pm = 16/(2 \times 2 \times 2) = 2（槽）$$

4　电角度

在电动机的相关计算中，技术上规定一对磁极（即一个 N 极，一个 S 极）所占铁心圆周为 360° 电角度，则每个磁极（一个极距）占 180° 电角度，四极电动机在定子圆周就占了 720°，对于 16 槽电动机有 720°/16 = 45°，即相邻两嵌线槽之间的电角度为 45°。

2.3.3　实践操作检测与评价

(1) 拆除旧绕组

将拆除旧绕组过程中所记录的相关内容和数据记入表 2.12 中。

表 2.12　拆除旧绕组测评内容

项目内容	所用方法	使用工具	嵌线形式	匝数	周长	合计
测评记录						
配分	3	3	3	3	3	15
实际得分						

(2) 绕线和嵌线

将绕线和嵌线过程中记录的相关内容和数据记入表 2.13 中。

表 2.13　绕线和嵌线测评内容

项目内容	槽绝缘尺寸/mm		线圈数据		嵌线入槽（用嵌线槽槽号表示）			合计
	长	宽	周长/mm	匝数	嵌线形式	主绕组嵌线顺序	副绕组嵌线顺序	
检测结果								
配分	3	3	3	4	3	8	8	32
实际得分								

(3) 端部接线

将端部接线过程中的相关内容记入表 2.14 中。

表 2.14　绕组端部接线测评内容

绕组类型	主绕组	副绕组	合计
接线顺序			
配分	14	14	28
实际得分			

(4) 绕组换修后的检测

绕组换修后，应对新绕组的安全性能进行检测，将检测内容记入表 2.15 中。

表 2.15　对电动机绕组的检测项目和结果的测评

项目内容	直流电阻/Ω		绝缘电阻/MΩ（绕组与铁心之间）	空载电流/mA	温升（手感）（填周长、是否正常）	合计
	主绕组	副绕组				
检测结果						
配分	5	5	5	5	5	25
实际得分						

(5) 简答

1) 简述你在绕组连接中的操作工艺。（6 分）

2) 在绕组线头线尾接线任务完成以后，你是怎样处理定子绕组端部的？（8 分）

想一想

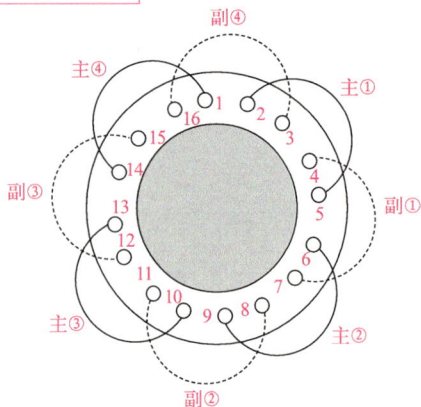

图2.43 标出各绕组瞬时电流流向

1. 极距、节距、每极每相槽数、电角度用于电动机修理中的哪些地方？
2. 如图 2.43 所示，在主绕组内部 4 个线圈之间接线时，如果主绕组的线圈①从 5 槽出来后，不进 1 槽而进 9 槽，这样是否可行？主绕组采用这种连接方法时的接线顺序是怎样的？
3. 在图 2.43 中，若设主绕组电流从 5 槽流进，如何用 ⊗（表示电流流进）和 ⊙（表示电流流出）来标出图中各绕组内的瞬时电流流向？

任务 *2.4* 排除单相异步电动机的常见故障

任务目标：

1. 会根据单相异步电动机故障现象分析故障的产生原因；
2. 会根据单相异步电动机故障原因找出故障点并排除故障；
3. 了解并掌握单相异步电动机检修中的相关知识与工艺要求。

任务描述：

单相异步电动机出现故障时的现象有多种，而造成这些故障的可能原因更多。本任务要求就典型的、常见的故障进行分析并展开模拟训练，在实训室由教师预先在电动机及相关电路上设置故障，然后由学生根据自己掌握的知识和技能予以排除。

在本任务中，要求针对通电后无反应等 6 种常见故障进行模拟训练。

电冰箱的电动机如果停止运转将会导致其中的食物腐坏；如果洗衣机在清洗衣物的过程中电动机损坏，则衣物的清洗就会很麻烦；如果医院里正在使用的牙科手术器械的电动机损坏，手术会突然中止，造成病人的痛苦。由此可见，使用中的电动机一旦出现故障，就不可避免地给人们的生活、生产及个人健康带来不利影响甚至造成损失，电动机维修的重要性可见一斑。

2.4.1 实践操作：电动机常见故障的排除

单相异步电动机常见故障的现象、可能原因分析与检修思路及操作示意图如下。

1 故障现象：通电后电动机完全无反应

故障原因分析与检修思路如下。

(1) 电源供电线路开路

故障原因可能是熔断器熔断、线路焊点脱焊、线路中的金属芯线因受机械力损伤分断等。这种线路开路故障通常用万用表电阻挡检测。如果线路正常，则万用表读数趋于线路正常电阻值，如果其间有分断点，则所测电阻值远大于正常值甚至趋于∞。

(2) 主绕组开路

主绕组开路检修难度较大，必须拆开电动机，取出定子检测。首先检测主绕组进线端与主副绕组公共接线端之间的直流电阻，若为∞，只要电源引出线完好，则必然是主绕组开路。

若要判断故障点在哪一个线圈上，则可采用"分组淘汰法"：先焊开4个线圈的中间连接线，将其分为每两个线圈一组；再用万用表分别检测每组线圈，哪一组电阻值特大，故障就在这一组（图2.44）。按此规律，可很快找到故障线圈。然后判断故障点是在线圈端部还是在嵌线槽中，端部故障点可用划线板拨开检查并焊接修复（注意处理好绝缘），若故障点在嵌线槽内，则只能更换线圈。

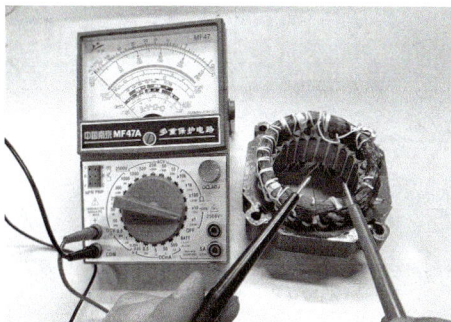

图2.44 用"分组淘汰法"检测绕组开路故障点

2 故障现象：通电后不转但有"嗡嗡"声，用外力推动转轴可沿外力方向旋转

故障原因分析与检修思路如下。

(1) 起动电容器损坏

起动电容器串入副绕组，通电后将单相交流电移相为互成90°电角度的两相电流，从而产生旋转磁场。如果起动电容器损坏，移相作用消失，不能产生旋转磁场，电动机自然不能起动。

电容器的检测：常用万用表（图2.45），将其置于"R×10k"挡，当两支表笔刚接触电容器两极时，表针会在正方向摆动一个角度（电容量越大，摆动角度越大）。如果电容器正常，表针会很快回到原位。如果表针停在最大位置不动，说明电容器被击穿；如果表针摆回来一部分但回不到零位，说明电容器漏

图2.45 检测电容器

电；如果表针完全不动，说明电容器已经失效或开路。凡是有这几种故障的都应换新。

(2) 副绕组开路

副绕组开路的现象与电容器损坏相同，都使电动机不能起动。检查方法与检查主绕组开路相同。

3 **故障现象：通电后不转但有"嗡嗡"声，外力推动转子也不转**

故障原因分析与检修思路如下。

这种故障的原因除主绕组内部接错外，其余是由机械故障引起的。

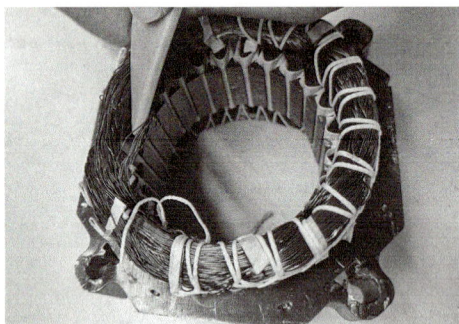

图2.46　划线板分开绕组检查开路点

1) 主绕组接错。

检查：解开绕组端部绑扎线，根据图2.32主绕组的接线规律，逐个检查线圈首尾端的连接状况（图2.46），如有错接，必须立即纠正。

2) 轴承损坏，卡住转子。

3) 端盖装配不良，造成转子被卡死。

4) 转子单边。转子装配不到位，严重倾斜，转轴被卡住。

5) 转轴摩擦定子。转轴弯曲，转轴严重摩擦定子被卡住。

后面这4种情况的诊断方法是：关闭电源，直接用手指捻动转轴，如果转轴被卡住，则应拆开电动机，检查轴、端盖装配质量和转轴等是否正常。

4 **故障现象：起动后转速明显低于正常值**

故障原因分析与检修思路如下。

(1) 电源电压过低

用万用表交流电压挡检查电源电压是否正常。

(2) 主绕组有较严重的短路或接错

按上面所述方法检查主绕组是否接错。如果怀疑主绕组短路，先解开绕组端部绑扎带，梳理出主绕组各线圈之间的连接线，在接头处移开套管，剥开绝缘层，用万用表检测（图2.47）每个线圈的直流电阻并进行比较，短路故障存在于电阻较小的线圈中。

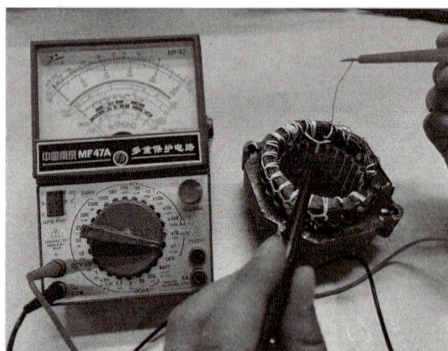

图2.47　检查主绕组是否短路

(3) 其他原因

轴承发卡、转轴弯曲、转子碰触定子等机械故障参照上面检修方法检修。

5 **故障现象：电动机漏电，接触机壳有触电感觉**

故障原因分析与检修思路如下。

这类故障一般是电源电压漏向机壳所致，检查方法如下：将兆欧表的"L"端接绕组，"E"端接机壳，所测电阻值（图2.48）很小甚至为零（正常值应大于0.5MΩ），说明绕组对机壳短路。确定漏电故障点的方法参照检查绕组短路故障的思路。

图2.48 检测绕组对外壳绝缘电阻

6 **故障现象：电动机温升过高**

故障原因分析与检修思路如下。

1) 轴承装配歪斜，使转子运转发卡、轴承过于松旷、轴承润滑油缺失、轴承损坏。这种情况下，轴承部位发热最明显，应检查轴承，必要时换新。

2) 主绕组或副绕组内部短路或主、副绕组之间短路，主、副绕组接错，电动机严重受潮等，可参照前述方法解决。

3) 定子与转子摩擦，可参照前述方法检查。

4) 电动机负载过重（实训室一般不存在这种情况）。

2.4.2 实践操作检测与评价

为了提高学生分析和排除单相异步电动机常见故障的能力，每个学生至少应排除4种故障。每排除一种故障，均要求将故障现象、故障原因分析、检查故障程序、所用工具及故障点记入表2.16中。

为了便于教师掌握实训进度和检测效果，在表2.16的后面推荐了可能预设故障点的部位，供教师指导实训时参考。

> **特别提示**
>
> 1. 通电检测时，动作应迅速、准确，通电时间尽量短，以保证电动机安全。
> 2. 所设故障点必须处理好绝缘，以保护人身安全。
> 3. 凡带电检查项目，必须有教师监护。
> 4. 通电检测前，应保证电动机装配完整。

表 2.16　排除单相异步电动机故障测评记录

故障编号	故障现象	故障原因分析	检查故障程序	所用工具	故障点	配分	实际得分
1						25	
2						25	
3						25	
4						25	
合计						100	

特别提示

本任务可能预设的故障点(推荐、仅供参考)如下。

1. 电源线芯断开, 而表面绝缘层良好。

2. 电源线与绕组接头脱焊。

3. 主绕组或副绕组内部线圈之间的连接点脱焊。

4. 换新电容器失效或开路。

5. 端盖装配倾斜, 使转子单边受力。

6. 用松旷的轴承代替正常轴承。

7. 用调压器人为调低电源供电电压。

8. 将废弃轴承装入电动机内, 掉落的铁屑导致转子卡紧。

9. 在定子与转子之间塞入竹楔等杂物使其发卡。

> **想一想**
>
> 1.在炎热的夏天,电风扇电动机突然停转,而且停转时没有任何声响,此时应怎样处理?
>
> 2.如果电风扇工作一段时间后,机壳发烫,用手都不能触摸,故障可能由哪些原因造成?
>
> 3.一台电风扇通电后不转,只发出轻微的"嗡嗡"声,如果拨动扇叶,它能按拨动方向旋转,故障可能由哪些原因引起?

任务 *2.5* 连接单相串励电动机起动与调速控制电路

任务目标:

1.会连接单相串励电动机的起动电路和调速控制电路;

2.理解单相串励电动机的结构与工作原理;

3.掌握单相串励电动机的制动方法。

任务描述:

根据工艺流程与要求正确连接单相串励电动机起动和调速控制电路。

1.连接范围规定为电动机的电源引出线与控制电器和室内电源之间,不涉及绕组内部;

2.线路连接完毕,必须通电检测电路控制效果。

单相串励电动机属于单相交流异步电动机,具备能使用直流和交流两种电源、起动性能好、转速高、调速方便、过载能力强、体积小、质量小等优点,广泛用于电动工具、小型机床、医疗设备等。这种电动机不能空载起动和运行,换向性能较差,在使用中应引起重视。本任务中,在介绍串励电动机结构原理的基础上,重点完成其控制电路的接线操作。

2.5.1 实践操作:电动机起动与调速控制电路的连接

1 工具、仪表与器材准备

本任务所需工具、仪表与器材如表 2.17 所示。

表 2.17 任务 2.5 所需工具、仪表与器材

类别	名称	型号规格	数量	类别	名称	型号规格	数量
工具	测电笔		1	器材	串励电动机	M	1
	螺钉旋具	十字形3英寸	1		断路器		1
	电工刀		1		熔断器		1
	尖嘴钳		1		起动变阻器		1
仪表	钳形电流表	MG20	1		调速变阻器		1
	万用表	MF47型	1		导线		若干
	兆欧表	5050型	1		端子板		1
	转速表	636型	1		控制板		1

2 连接电路

单相串励电动机起动和调速控制电路连接步骤如下。

1) 按表 2.17 配齐所用电气元器件，并检验元器件质量。

2) 根据图 2.49 所示的电路图，牢固安装各电气元器件，并正确布线。电源开关及起动变阻器的安装位置应接近电动机和被拖动的机械，这样在控制时方便观察电动机和被拖动机械的运行情况。

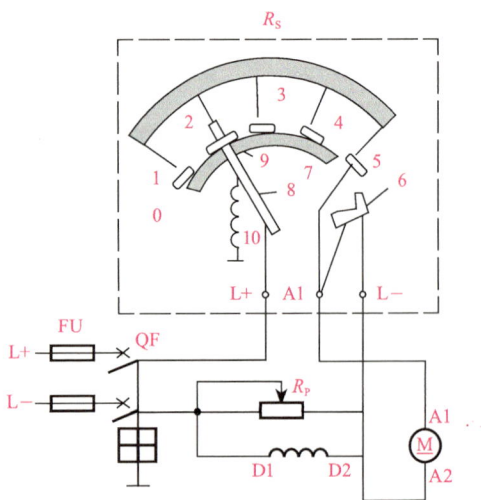

图2.49 串励电动机起动和调速控制电路图

3) 检查无误后，通电试车。安装操作步骤如下。

步骤一 合上电源开关 QF 前，先检查起动变阻器 R_S 的手轮是否置于 0 位，并将调速变阻器 R_P 的阻值调到零。

步骤二 合上电源开关 QF。

步骤三 慢慢转动起动变阻器手轮 8，使手轮从 0 位一次拨至 5 位，逐级切除起动电阻。每切除一级电阻均需停留数秒，用转速表测量电动机转速，并填入表 2.18 中，用钳形电流表测量电枢电流以观察电流的变化情况。

步骤四 在逐渐增大调速变阻器 R_P 阻值时，要注意测量电动机的转速，其转速不能超过电动机的最高转速 2000r/min，将测量结果填入表 2.19 中。

步骤五 电动机停转后，切断电源开关 QF，将调速变阻器 R_P 的阻值调到零，并检查起动变阻器 R_S 是否自动返回起始位置。

表 2.18　调节起动变阻器手轮的测量结果

手轮位置	1	2	3	4	5
转速 /（r/min）					
电枢电流 / A					

表 2.19　调节调速变阻器的测量结果

测量次数	1	2	3	4	5
转速 /（r/min）					

特别提示

1. 串励电动机试车时，必须带20%～30%的额定负载，严禁空载或轻载起动。串励电动机与其拖动的生产机械之间不应有带传动，以防止皮带断裂或滑脱引起"飞车"事故。
2. 调速变阻器 R_P 应和励磁绕组并联。起动前，应把 R_P 的阻值调到最大。调速时，R_P 的阻值逐渐调小，使电动机的转速逐渐升高，但其最高转速不得超过 2000 r/min。

2.5.2　相关知识：单相串励电动机的结构、工作过程和制动方法

1 单相串励电动机的典型结构

单相串励电动机的典型结构如图 2.50 所示，它主要由机壳、定子（包括定子铁心和励磁绕组）、电枢、换向器、电刷、风扇、轴承、转轴、端盖等组成。其定子铁心由具有凸极形状的 0.5mm 左右的硅钢片叠压而成，其上嵌有励磁绕组。两个磁极的励磁绕组与电枢绕组串联，两个励磁绕组所形成的磁场极性成对相反。

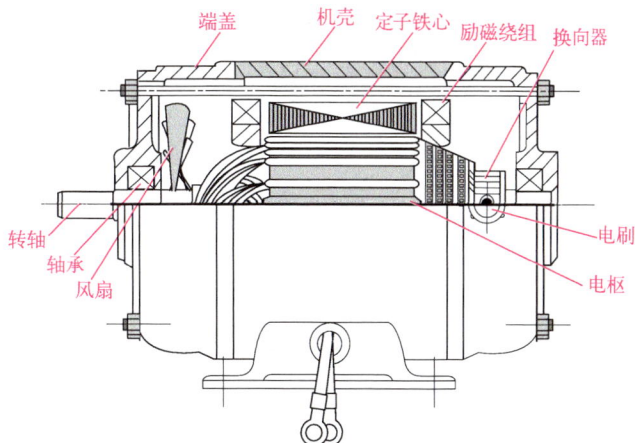

图2.50　单相串励电动机的典型结构

2 单相串励电动机的工作过程

单相串励电动机的工作过程与串励直流电动机的工作过程相似。

当用直流电源供电时，其工作原理和串励直流电动机相同，仍然是直流电通入串励电动机的励磁绕组和电枢绕组后，电枢绕组在定子励磁磁场的作用下产生感应电流，进而产生电磁转矩，使电枢转动而对外输出功率。

当用交流电源供电时，在励磁绕组和电枢绕组中同时输入周期性的交变电流，只要励磁电流与电枢电流同相，它们所产生的电磁转矩就将沿着同一个固定方向旋转，从而使转子也沿着相同方向转动。理论研究表明，在向励磁绕组和电枢绕组中通入交变电流时，产生的电磁转矩为最大转矩的 1/2。

3 串励电动机的制动方法简介

串励电动机的理想空载转速趋于无穷大，所以运行中无法满足再生发电制动的条件，因此，串励电动机电力制动的方法只有能耗制动和反接制动两种。

(1) 能耗制动

串励直流电动机的能耗制动分为自励式和他励式。

自励式 将励磁绕组反接并与电枢绕组和制动电阻串联构成闭合回路，使惯性运转的电枢处于自励发电状态，产生与原方向相反的电流和电磁转矩，迫使电动机迅速停转。

他励式 将电枢绕组与放电电阻接通，励磁绕组与电枢绕组断开后与分压电阻串联，再通入外加直流电流励磁。由于需要外加直流电源设备，励磁电路消耗功率太大，因此这种制动方式经济性较差。

(2) 反接制动

位能负载时转速反向法 电动机的转速方向与电磁转矩的方向相反的制动方法。

电枢直接反接法 将电枢绕组与制动电阻串联后反接，并保持其励磁电流方向不变的制动方法。

2.5.3 实践操作检测与评价

串励电动机实践操作的评分标准如表 2.20 所示。

表 2.20　串励电动机实践操作的评分标准

项目内容	配分	评分标准	扣分
选用元器件	5	选错型号和规格，每个扣1～2分	
装前检查	10	(1) 电动机质量漏检，每处扣1～5分 (2) 电气元器件漏检，每处扣1分	
安装	20	(1) 电动机安装不符合要求扣1～10分 (2) 其他元器件安装不紧固扣1～5分 (3) 电器布置不合理扣1～5分	
布线	20	(1) 不按电路图接线扣10分 (2) 接点不符合要求，每个扣2分 (3) 布线不符合要求，每根扣2分	
通电试车	40	(1) 操作顺序不对，每一次扣5～10分 (2) 第一次试车不成功扣10分 　　第二次试车不成功扣15分 　　第三次试车不成功扣15分	
安全文明生产	5	违反安全文明生产规程扣5分	
总成绩	100		

学生（签名）　　　　　测评教师（签字）　　　　　时间

巩固与应用

1. 应按照怎样的步骤拆卸电动机？在旋松 4 颗端盖螺钉时，应注意哪些问题？

2. 可使用哪些办法使单相异步电动机反转？

3. 为什么在单相异步电动机绕组外串联电抗器就能调速？

4. 拆除旧绕组时，可采用什么方法？操作中应注意哪些安全事项？

5. 极距、节距、每极每相槽数、电角度的含义是什么？

6. 假设有一台 16 槽四极定子的空壳电风扇电动机，应怎样对它嵌入新绕组？

7. 怎样才能保证线圈的绕线质量？

8. 在嵌线这道工序中，可用什么办法使主、副绕组之间形成 90° 电角度？试说明其中的原理。

9. 参照图 2.32，如果规定主绕组首端从 1 槽进，试画出其端部接线图。

10. 一台电风扇电动机通电后不转但有"嗡嗡"声，即使有外力推动也不转，试分析该故障可能由哪些原因造成。

11. 如果触摸电动机外壳有触电感觉，这可能由哪些部位的故障造成？

12. 单相串励电动机由哪些主要部件构成？它们各自的作用是什么？

13. 简述单相串励电动机通入单相交流电流也能旋转的原因。

14. 为什么串励电动机绝对不允许空载起动和运行？这会产生什么样的后果？

15. 试写出单相串励电动机与串励直流电动机的异同点。

项目 3
三相异步电动机的拆装与维修

学习目标

技能目标 ☞

1. 会使用电动机拆装与维修的通用电工工具和专用工具拆装三相异步电动机；
2. 会检测三相异步电动机绕组的首尾端，会连接各极相组，会连接单层链式绕组和单层同心式绕组；
3. 会按照星形接法和三角形接法连接三相绕组；
4. 会排除三相异步电动机典型故障。

知识目标 ☞

1. 了解三相异步电动机的类型、结构与工作原理；
2. 了解三相异步电动机单层链式绕组的基本结构，绕组端部瞬时电流、磁场分布及绕组端部接线规律；
3. 掌握三相异步电动机拆装、接线与检修的工艺要求；
4. 理解三相异步电动机常见故障产生原因及检修思路。

思政目标 ☞

1. 培养职业认同感、责任感和荣誉感；
2. 培养创新思维和举一反三解决问题的能力。

三相异步电动机是中、小电动机的主流产品，其运行性能好，是许多动力设备重要的动力源，它的主要功能是将电能转换为机械能，驱动各类机械运转。三相异步电动机广泛应用于化工、纺织、冶金、建筑、农业、矿山、医疗等行业和领域，对节能、环保及人民生活等有着极其密切的关系和重要的影响。

任务 *3.1* 拆装三相异步电动机

任务目标：

1. 会正确拆卸三相异步电动机；
2. 会正确装配三相异步电动机；
3. 了解三相异步电动机的结构及作用；
4. 理解三相异步电动机的工作原理；
5. 会根据铭牌正确选用三相异步电动机。

任务描述：

根据工艺流程与要求正确拆、装三相异步电动机，本任务不拆卸绕组。拆装三相异步电动机的顺序如下。

拆卸：电源线→带轮或联轴器→前轴承外盖→前端盖→罩壳→风扇→后轴承外盖→后端盖→转子→前轴承→前轴承内盖→后轴承→后轴承内盖。

装配：与上述顺序相反。

三相异步电动机大量作为风机、水泵、压缩机、机床、印刷机、造纸机、纺织机、轧钢机、空调机等机械设备的驱动设备，是一种产量大、配套面广的机电产品，应掌握其拆装与维修技术。

3.1.1 实践操作：三相异步电动机的拆卸和装配

1 拆、装前的准备

1）准备拆、装工具和器材：3英寸螺钉旋具（一字形、十字形各一）、活扳手（6～8英寸）；锤子、拉具、套筒扳手、铜棒等专用工具；三相异步电动机一台。

2）拆卸前应做好以下标记：电源线在接线盒中的相序；联轴器或带轮与轴台的距离；端盖、轴承、轴承盖和机座的负荷端与非负荷端；机座在基础上的准确位置；绕组引出线在机座上的出口方向。

2 熟悉三相异步电动机的结构

三相异步电动机的外形和结构如图3.1所示，主要分为定子部分、转子部分和其他部分。

三相异步电动机的拆装

三相异步电动机的基本结构

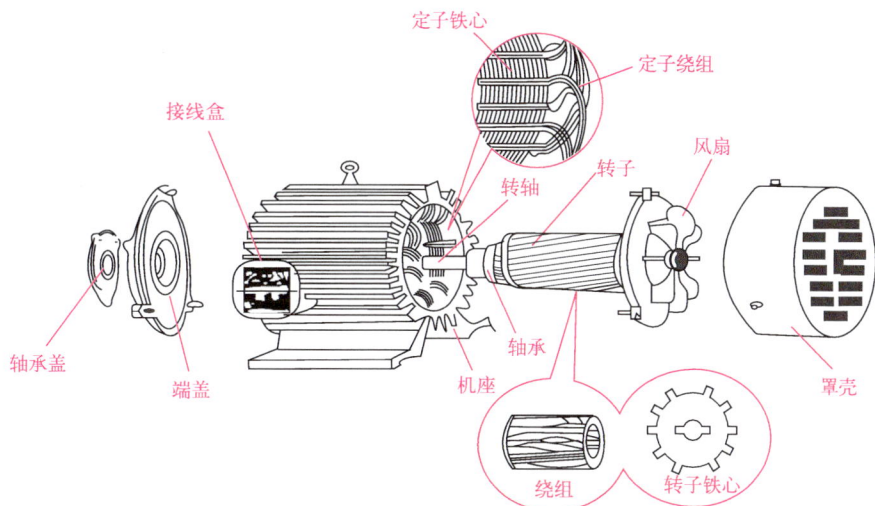

图 3.1　三相异步电动机的分解图

3　拆卸三相异步电动机

(1) 拆除电动机与外部电器的连线

拆卸电动机之前，必须拆除电动机与外部电器的连线，并做好位置标记。

(2) 拆卸步骤

三相异步电动机拆卸步骤与工艺要点如表 3.1 所示。

表 3.1　三相异步电动机拆卸步骤与工艺要点

步骤	图示	要点
第一步：拆卸带轮或联轴器	安装拉具 拆卸带轮或联轴器	先在带轮或联轴器的轴端做好定位标记，然后用拉具完成对带轮或联轴器的拆卸
第二步：拆卸罩壳		卸下螺钉，取下罩壳

续表

步骤	图示	要点
第三步：拆卸风扇		拧下风扇螺钉，从转轴上取下风扇
第四步：拆卸后端盖		先在机壳与端盖的接缝处（止口处）做好标记以便复位，对角交叉分次去掉螺钉，取下后端盖
第五步：拆卸转子及轴承		轻轻地从电动机定子内取出转子，注意不要与定子绕组相碰，以免损伤绕组。轴承拆卸应先用适宜的专用拉具，拆卸后的轴承要用清洗剂清洗干净，检查它是否损坏、有无必要更换等

4 装配三相笼型异步电动机

三相异步电动机的装配实际是电动机拆卸的逆过程，即装配步骤与拆卸步骤相反。装配前要检查定子内的污物、锈斑是否被清除，止口有无损坏、损伤，装配时应将各部件按标记复位，并检查轴承盖配合是否良好、轴承转动是否灵活等。

特别提示

1. 拆卸电动机后，应妥善保管电动机底座垫片并做好标记，以免增加复位的工作量。
2. 拆、装转子时，不得损伤绕组，拆前、装后均应测试绕组绝缘电阻及直流电阻。
3. 拆、装时不能用锤子直接敲击零部件，应用铜、铝板或硬木隔垫，对称敲打。
4. 装端盖前，应用粗铜丝从轴承外盖装配孔伸入钩住内轴承盖对应孔，以便装配内外轴承盖。
5. 用热套法安装轴承时，只要温度超过 100℃，应立即停止加热，工作现场应备有1211灭火器。
6. 清洗电动机及轴承的清洗剂（如汽油、煤油）不能随意倾倒，必须倒入污油箱内。
7. 检修结束后，需将场地打扫干净。

3.1.2 相关知识：三相异步电动机的类型、结构与原理

1 三相异步电动机的类型与结构

(1) 三相异步电动机的类型

三相异步电动机的类型如表 3.2 所示。

表 3.2 三相异步电动机的类型

序号	分类依据	类型	特点与应用
1	电动机的转子结构	笼型电动机	广泛应用于机床、风机、水泵、压缩机等各类机械，以及交通运输、农业、食品加工等领域的动力设备
		绕线型电动机	吊车、电梯、空气压缩机等的动力机
2	电动机的防护形式	开启式	价格便宜，散热条件最好，用于干燥、灰尘少、无腐蚀性和爆炸性气体的场所
		防护式	通风散热条件较好，可防止水滴、铁屑等外界杂物落入电动机内部，只适用于较干燥且灰尘少、无腐蚀性和爆炸性气体的场所
		封闭式	适用于潮湿、多尘、易受风雨侵蚀、有腐蚀性气体等较恶劣的工作环境，应用最普遍
		防爆式	高效、节能、性能好、噪声低、振动小、安全可靠、使用维护方便，适用于煤炭、石油、化工及有腐蚀、爆炸性气体的环境等行业的新一代节能动力设备中
3	通风冷却方式	自冷式、自扇冷式、他扇冷式、管道通风式	
4	安装结构形式	卧式、立式、带底脚、带凸缘	
5	绝缘等级	E级、B级、F级、H级	允许温升：E级，120℃；B级，130℃；F级，155℃；H级，180℃
6	工作定额	连续、短时、断续	连续：电动机连续工作，对外输出功率；短时：电动机只能短时间工作；断续：电动机一次只能短时工作，但可以多次重复起动

(2) 三相异步电动机的结构

三相异步电动机主要由定子部分、转子部分和其他部分组成。

定子部分 定子部分如图 3.2 所示。定子的主要部分及作用如表 3.3 所示。

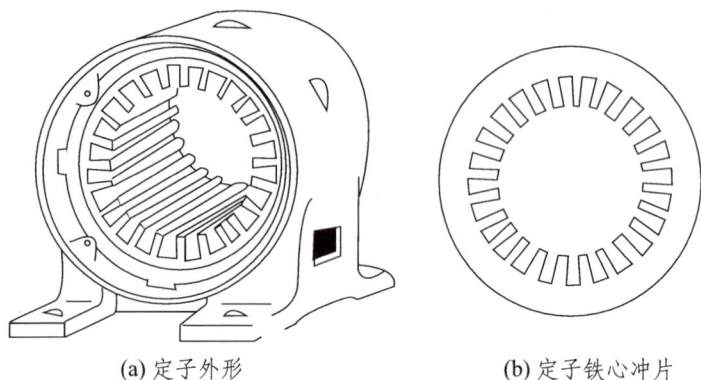

(a) 定子外形   (b) 定子铁心冲片

图3.2 三相异步电动机定子部分

表3.3 定子的主要部分及作用

主要部分名称	作用
定子铁心	电动机磁路的一部分，为减少铁心损耗，一般由0.5mm厚的导磁性能较好的硅钢片叠成，安放在机座内
定子绕组	电动机的电路部分，嵌放在定子铁心的内圆嵌线槽内
机座	固定和支承定子铁心、端盖与转子

转子部分 转子主要由转子铁心、转子绕组和转轴三部分组成。整个转子靠端盖和轴承支承。转子的主要作用是产生感应电流，形成电磁转矩，实现机电能的转换，并通过转轴对外输出动力。

笼型转子根据转子绕组的结构不同分为笼型转子和线绕转子两种，如图 3.3 所示。

常用笼型转子的导体部分按材质不同分为铜排转子和铸铝转子，如图 3.4 所示。

在转子铁心的每一个槽中插入一根铜条，在铜条两端各用一个铜环（称为端环）把导条连接起来，这种转子称为铜排转子，如图 3.4（a）所示。采用铸铝的方法，把转子

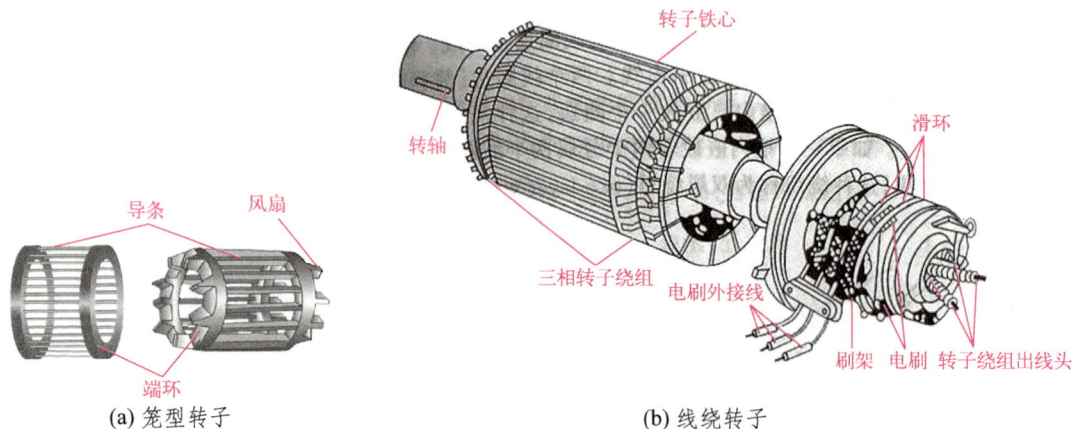

(a) 笼型转子   (b) 线绕转子

图3.3 笼型转子和线绕转子

导条和端环风扇叶片用铝液一次浇铸成形，这种转子称为铸铝转子。100kW 以下的异步电动机可以采用铸铝转子，如图 3.4（b）所示。

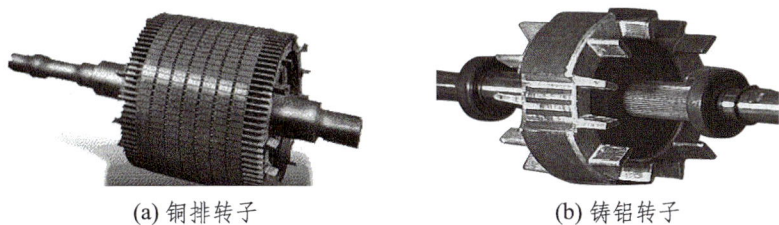

(a) 铜排转子　　　　　　　　(b) 铸铝转子

图3.4　常用笼型转子

其他部分　其他部分包括端盖、风扇等。端盖除了起防护作用，在端盖上还装有轴承，用以支承转轴。风扇则用来冷却电动机。三相异步电动机的定子与转子之间也有气隙，一般为 0.2 ～ 1.5mm。气隙太大，会使电动机运行时的功率因数降低；气隙太小，会使装配变得困难，电动机运行不可靠，高次谐波磁场增强，从而使附加损耗增，并使电动机起动性能变差。

2 三相异步电动机的工作原理

(1) 三相异步电动机的基本工作原理

1) 通入三相对称电流产生旋转磁场。

2) 转子导体切割旋转磁场产生感应电动势和电流。

3) 转子载流导体在磁场中受到电磁力的作用，从而形成电磁转矩，驱使电动机转子转动。

(2) 三相异步电动机绕组结构的特点

1) 三相绕组对称（线圈数、匝数、线径分别相同）。

2) 三相绕组在空间按互差 120° 电角度排列。

3) 三相绕组可以接成星形（Y）或三角形（△）。

满足上述条件的绕组称为三相对称绕组。

为分析方便，以两极电动机为例，用轴线互差 120° 电角度的三个线圈来代表三相绕组，三相首端分别用 U1、V1、W1 表示，尾端用 U2、V2、W2 表示，如图 3.5 所示。

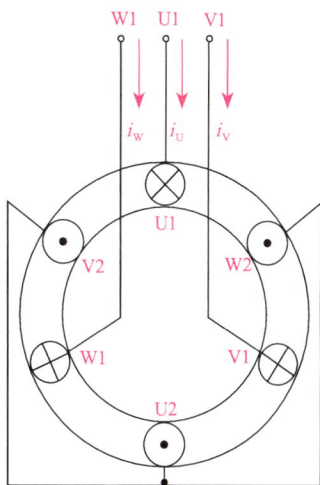

三相异步电动机工作原理

图 3.5　简单三相绕组示意图

(3) 三相对称电流的特点

三相对称电流可表示为

$$i_U = I_m \sin \omega t \tag{3.1}$$

$$i_V = I_m \sin (\omega t - 120°) \tag{3.2}$$

$$i_W = I_m \sin (\omega t - 240°) \tag{3.3}$$

其电流波形如图 3.6 (a) 所示，可见三相电流在时间上互差 120° 电角度。

(4) 旋转磁场的产生过程

现将三相对称电流通入三相对称绕组，为简化分析，下面取几种不同的特殊瞬时电流通入定子绕组，并规定各相电流为正时，是首端进、尾端出；反之则为尾端进、首端出。

1) 在 $\omega t = 0°$ 瞬时，有

$$\begin{cases} i_U = I_m \\ i_V = i_W = -I_m/2 \end{cases} \tag{3.4}$$

可见，U 相电流为正值，应从首端 U1 流入（用"⊗"表示），从尾端 U2 流出（用"⊙"表示）；而 V 相和 W 相电流为负值，分别从尾端 V2、W2 流入，从首端 V1、W1 流出，如图 3.6（b）中（1）所示。可见 1/2 圆周内导体电流流入，其余 1/2 圆周内导体电流流出。根据右手螺旋定则，可判断三相电流在定子绕组中产生合成磁感应线的方向，如图 3.6（b）中（1）所示，定子上边为 N 极，下边为 S 极，即为两极磁场，三相合成磁感应线（磁场）的轴线与 U 相线圈轴线（U1、U2 之间的中心线）重合。

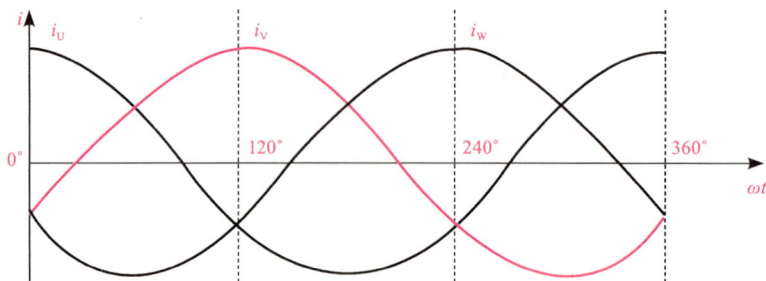

(a) 三相交流电波形

(1) ωt=0°　(2) ωt=120°　(3) ωt=240°　(4) ωt=360°

(b) 三相旋转磁场示意图

图3.6　三相旋转磁场产生过程

2) 在 $\omega t = 120°$ 瞬时（电流随时间变化了 120° 电角度），有

$$\begin{cases} i_V = I_m \\ i_U = i_W = -I_m/2 \end{cases} \tag{3.5}$$

可见，V 相电流为正值，电流从首端 V1 流入，从尾端 V2 流出；U 相和 W 相电流为负值，电流分别从尾端 U2、W2 流入，从首端 U1、W1 流出。三相电流在定子绕组中产生合成磁感应线的方向如图 3.6（b）中（2）所示，仍为两极磁场。三相合成磁感应线（磁场）轴线与 V 相线圈轴线重合，N 极在右下方，S 极在左上方。可见，三相合成磁感应

线的轴线比 $\omega t=0°$ 瞬时在空间上顺时针转过了 120° 电角度。

3) 在 $\omega t=240°$ 瞬时（电流随时间变化了 240° 电角度），有

$$\begin{cases} i_W = I_m \\ i_U = i_V = -I_m/2 \end{cases} \tag{3.6}$$

可见，W 相电流为正值，电流从首端 W1 流入，从尾端 W2 流出；U 相和 V 相电流为负值，电流分别从尾端 U2、V2 流入，从首端 U1、V1 流出。三相电流在定子绕组中产生合成磁感应线的方向如图 3.6（b）中（3）所示，仍为两极磁场。三相合成磁感应线（磁场）轴线与 W 相线圈轴线重合，N 极在左下方，S 极在右上方。可见，三相合成磁感应线的轴线比 $\omega t=0°$ 瞬时在空间上顺时针转过了 240° 电角度。

4) 在 $\omega t=360°$ 瞬时，三相电流在定子绕组中产生的合成磁感应线方向如图 3.6（b）中（4）所示，即回到 $\omega t=0°$ 瞬时状态。

可见，当电流在时间上变化一个周期（360° 电角度）时，旋转磁场便在空间上转过一周，且任何时刻旋转磁场的大小相等，其顶点的轨迹为一个圆，故又称圆形旋转磁场。

(5) 旋转磁场的转向

从图 3.6 中可以看出，三相合成磁场的轴线总是与某相电流达到最大值的那一相线圈轴线重合。所以，旋转磁场的转向取决于三相电流通入定子绕组的相序，而三相电流达到最大值的变化次序（相序）为 U 相→ V 相→ W 相。若将 U 相交流电接 U 相绕组，V 相交流电接 V 相绕组，W 相交流电接 W 相绕组，则旋转磁场的转向为 U 相→ V 相→ W 相，即顺时针方向旋转。若将三相电源线任意两相调换后接于定子绕组，则旋转磁场方向反转（逆时针方向旋转）。

(6) 旋转磁场的转速（又称同步转速）

1) 当 $2p=2$（极）时，如图 3.6 所示，若三相交流电变化一个周期，即 $\omega t=360°$ 电角度，旋转磁场在空间也转过 360° 电角度（两极电动机的机械角度与电角度相同，均为 360°），即在空间上正好转过一周，故每分钟转速 $n_1=60f_1$。

2) 当 $2p=4$（极）时，将三相定子绕组每个线圈按 1/4 圆周排列，如图 3.7 所示，通以三相对称电流，便产生四极磁场。当电流变化一个周期，即 360° 电角度时，旋转磁场在空间上刚好转过半圈（机械角度为 180°），即旋转磁场转速的表达式为

$$n_1 = 60f_1/2 \tag{3.7}$$

同理，若电动机为 p 对磁极时，当电流变化一个周期，旋转磁场在空间只转 $1/p$ 周，于是可得出旋转磁场转速的表达式为

$$n_1 = 60f_1/p \tag{3.8}$$

式中，f_1——电源频率（Hz），我国规定 $f_1=50\text{Hz}$；

p ——电动机磁极对数，它取决于定子绕组的分布。如两极电动机，$p=1$，旋转磁场转速为3000r/min；四极电动机，$p=2$，旋转磁场转速为1500r/min；六极电动机，$p=3$，旋转磁场转速为1000r/min。

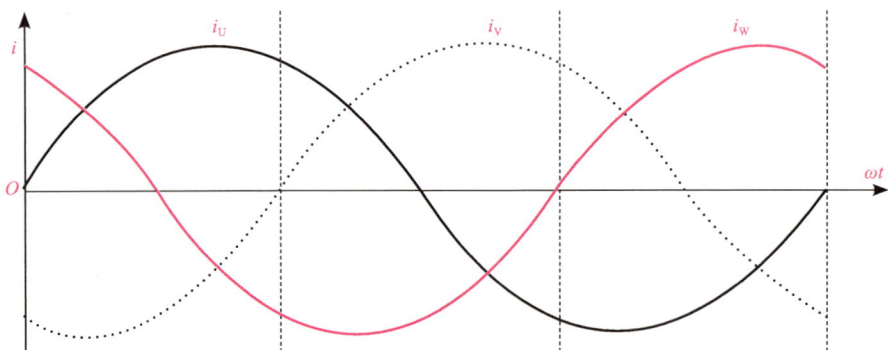

(a) 三相交流电波形

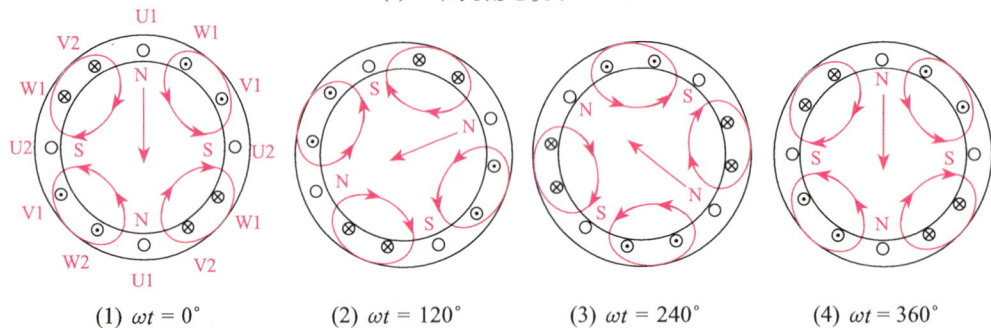

(1) $\omega t = 0°$　　(2) $\omega t = 120°$　　(3) $\omega t = 240°$　　(4) $\omega t = 360°$

(b) 三相四极电动机旋转磁场示意图

图3.7　三相四极电动机旋转磁场

3　三相异步电动机的铭牌

本任务所采用三相异步电动机的铭牌如表3.4所示。

三相异步电动机的铭牌

表3.4　三相异步电动机的铭牌

三相异步电动机							
型号	Y90L-4	电压	380V	接法		Y	
容量	1.5kW	电流	3.7A	工作方式		连续	
转速	1400r/min	功率因数	0.79	温升		90℃	
频率	50Hz	绝缘等级	B	出厂日期		××年××月	
×××电动机厂			产品编号		质量		kg

(1) 型号 Y90L-4

$$\text{Y 90 L - 4}$$

异步电动机 ——————— 磁极数

机座类别（L 表示长机座，
M 表示中机座，S 表示短机座）

机座中心高度（mm）

(2) 额定功率 P_N

指电动机在额定状态下运行时电动机转轴上输出的机械功率，单位为 kW。

$$P_N = \sqrt{3}\, U_{N1} I_{N1} \eta_N \cos\varphi_N \qquad (3.9)$$

式中，U_{N1}、I_{N1}、η_N、$\cos\varphi_N$ 分别为电动机额定的线电压、线电流、效率、功率因数。

(3) 额定电压 U_{N1}

指电动机在额定状态下运行时定子绕组所加的线电压，单位为 V 或 kV。

(4) 额定电流 I_{N1}

指电动机加额定电压、输出额定功率时，流入定子绕组中的线电流，单位为 A。

(5) 额定转速 n_N

指电动机在额定状态下运行时转子的转速，单位为 r/min。

(6) 额定频率 f_N

我国规定工频为 50Hz。

(7) 额定功率因数 $\cos\varphi_N$

指电动机在额定状态下运行时定子的功率因数。

(8) 接法

指电动机定子三相绕组与交流电源的连接方法，分为星形（Y）和三角形（△）两种。

3.1.3　实践操作检测与评价

(1) 认识三相异步电动机

将认识和检测三相异步电动机的相关数据记入表 3.5 中。

表 3.5　三相异步电动机的相关数据检测记录

检测内容	检测结果	配分	实际得分
系列		1	
功率		1	
起动形式		1	
定子铁心长度/mm		2	

续表

检测内容	检测结果	配分	实际得分
定子铁心内径/mm		1	
转子有效长度/mm		2	
转子外径/mm		1	
定、转子间气隙长度（两者之间的间隙）/mm		1	
合计		10	

学生（签名）　　　　测评教师（签字）　　　　时间

(2) 检测三相异步电动机的运行情况

将检测三相异步电动机运行情况的相关数据填入表 3.6 中。

表 3.6　三相异步电动机运行情况的相关数据检测记录

步骤	内容	检测记录			配分	实际得分
1	电压检测	线电压/V	额定值		1	
			实测值	U_{UV}	1	
				U_{VW}	1	
				U_{WU}	1	
2	电流检测	线电流/A	额定值		1	
			实测值	I_U	2	
				I_V	2	
				I_W	2	
3	是否出现故障	故障现象			1	
		可能原因			1	
		处理方法与结果			2	
合计					15	

学生（签名）　　　　测评教师（签字）　　　　时间

(3) 记录三相异步电动机拆卸前的检测结果

根据表 3.7 中所列项目，将检测结果填入表中。

表 3.7 三相异步电动机拆卸前的检测记录

步骤	内容	检测结果		配分	实际得分
1	用兆欧表检测绝缘电阻/MΩ	对地绝缘	U相绕组对机壳	2	
			V相绕组对机壳	2	
			W相绕组对机壳	2	
		相间绝缘	U、V相绕组间	2	
			V、W相绕组间	2	
			W、U相绕组间	2	
2	用万用表检测各相绕组直流电阻/Ω	U相		1	
		V相		1	
		W相		1	
3	检查各紧固件是否符合要求（按紧固、松动、脱落三级填写）	端盖螺钉		1	
		地脚螺钉		1	
		轴承盖螺钉		1	
		处理情况		2	
4	检查接地装置	线径/mm		2	
		是否合格		1	
		处理情况		1	
5	检查传动装置的装配情况（联轴器、带轮、皮带等）	是否校正		1	
		是否松动		1	
		传动是否灵活		1	
		处理情况		2	
6	检查起动设备	起动设备类型名称		1	
		是否完好		1	
		动作是否正常		1	
		处理情况		2	
7	检查熔断器	型号规格		1	
		直径		2	
		是否完好		1	
		处理情况		2	
		合计		40	

学生（签名）　　　　测评教师（签字）　　　　时间

(4) 三相异步电动机拆、装训练

对三相异步电动机进行拆卸和装配，检测相关数据，并将拆、装情况和检测结果记入表 3.8 中。

表 3.8 三相异步电动机拆、装训练记录

步骤	内容	工艺要点	配分	实际得分
1	拆、装前的准备工作	(1) 拆卸地点：_____； (2) 拆卸前所做记号：①联轴器或带轮与轴台的距离_____ (mm)；②端盖与机座间的记号作于_____方位，③前后轴承记号的形状_____；④机座在基础上的记号_____ _____	5	
2	拆卸顺序	(1) _____；　(2) _____； (3) _____；　(4) _____； (5) _____；　(6) _____	6	
3	拆卸带轮或联轴器	(1) 使用工具_____； (2) 工艺要点_____ _____	4	
4	拆卸轴承	(1) 使用工具_____； (2) 工艺要点_____	4	
5	拆卸端盖	(1) 使用工具_____； (2) 工艺要点_____	4	
6	检测数据	(1) 定子铁心内径_____mm，铁心长度_____mm； (2) 转子铁心外径_____mm，铁心长度_____mm； 　　转子总长_____mm； (3) 轴承内径_____mm，外径_____mm； (4) 键槽长_____mm，宽_____mm，深_____mm	12	
合计			35	

学生（签名）　　　　测评教师（签字）　　　　时间

想一想

1. 在三相异步电动机的构成部件中，较为重要的是哪些？它们的作用是什么？

2. 三相异步电动机通电后是怎样转动的？

3. 在三相异步电动机的拆、装过程中，你对哪些步骤最有心得？

任务目标：

1. 会根据链式或同心式绕组的结构和连接方法完成三相异步电动机的绕组连接；

2. 会判断三相绕组的首尾端；

3. 能够完成三相绕组的星形和三角形连接；

4. 了解绕组连接中的有关术语和基本参数及相关知识。

任务描述：

根据工艺流程与要求正确连接三相异步电动机绕组。

本任务流程安排：三相异步电动机常见链式和同心式绕组的连接，三相绕组的首尾端检测及判断，三相异步电动机在电路中的连接方式，拓展绕组连接中会用到的有关术语和基本参数。

三相异步电动机是工矿企业设备中十分重要的动力设备，应用非常广泛。在生产实际中往往有大量的三相异步电动机需要保养与维护，在三相异步电动机的维护与保养中，绕组的修理及其质量判断是主要内容。本任务将学习三相异步电动机绕组的相关知识及其维修技能，为电动机的修理乃至大修奠定基础。

3.2.1 实践操作：三相笼型异步电动机绕组的连接

1 工具、仪表与器材准备

本任务所需工具、仪表与器材如表 3.9 所示。

表 3.9 任务 3.2 所需工具、仪表与器材

类别	名称	型号	数量	类别	名称	型号	数量
工具	螺钉旋具	一字形3英寸	1	仪表	兆欧表	500V	1
	螺钉旋具	十字形3英寸	1		钳形表	MG20	1
	电工刀		1	器材	单层同心式绕组电动机	24槽定子	1
	镊子		1		单层链式绕组电动机	24槽定子	1
	电烙铁	50W内热	1		电抗器		1
仪表	万用表	MF47型	1		绝缘胶带	腈纶粘胶	适量
	转速表	红外线型	1		绝缘导线	软线	适量
					焊锡松香		适量

2 连接绕组线头线尾，加工整理绕组端部

下面以三相四极单层24槽异步电动机为例进行绕组的连接。

图 3.8 各个绕组引出线

(1) 梳理出每个绕组的引出线

在完成嵌线任务的电动机定子端面上梳理出各个线圈的引出线，如图3.8所示。

> **注意**：对于24槽电动机，共有12个线圈，每个线圈有2根引出线，一共有24根引出线。
>
> 要确定这24根引出线的连接规律，关键是要确定出哪些线圈作为线头，哪些线圈作为线尾。

(2) 连接绕组

1) 单层链式绕组的连接。

链式绕组是由多个相同节距的线圈组成的，其线圈一环连着一环，如同链条。

示例 **连接三相四极24槽异步电动机定子单层链式绕组**

一台三相四极24槽异步电动机定子单层链式绕组的连接规律如下。

1. 确定相关参数

$m=3$，$p=2$，$z=24$，据此计算的有关数据如下。

极距：$\tau=z/(2p)=24/(2\times2)=6$（槽）；

槽距角：$\alpha=p\times360°/z=2\times360°/24=30°$；

每极每相槽数：$q=\tau/m=6/3=2$（槽）；

节距 Y 的选取：$y=6-1=5$（槽）。

相带划分：据每极每相槽数，槽距角划分相带如图3.9所示。槽上画一条短横线的是第一相，画两条短横线的是第二相，画三条短横线的是第三相。

> **注意**：当把1号槽内导体作为第一相首端时，确定第二相首端的条件是：第二相首端距离第一相首端120°电角度，第三相首端距第一相首端240°电角度。为了对这种方法进行说明，此处只画出第一相的展开图，如图3.9所示。第二、三相根据各自相差120°电角度的规律便可画出。

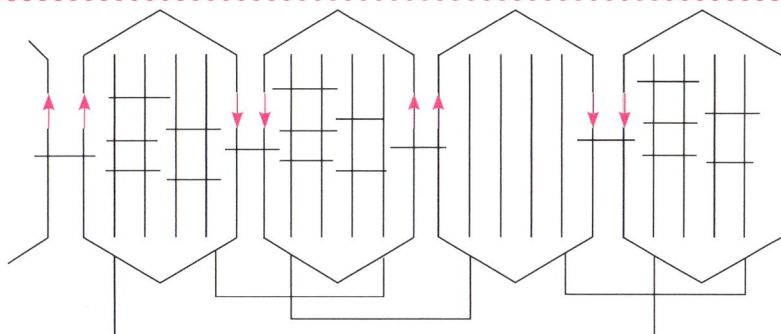

图 3.9 单层链式绕组（24 槽）

2. 画出各相绕组的引出线

U 相绕组由（1—6）、（7—12）、（13—18）、（19—24）四个线圈组成，如图3.10所示。而 V 相、W 相绕组的首端应分别在5、9槽内，依次错开120°电角度。

3. 确定U相绕组瞬时电流和磁场分布

U 相绕组瞬时电流和磁场分布如图3.11和图3.12所示。

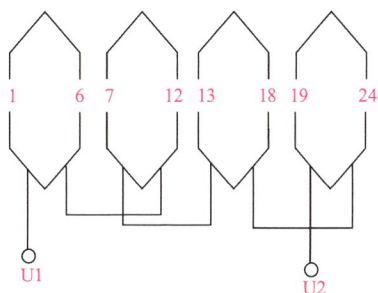

图3.10 U相的极相组（线圈组）

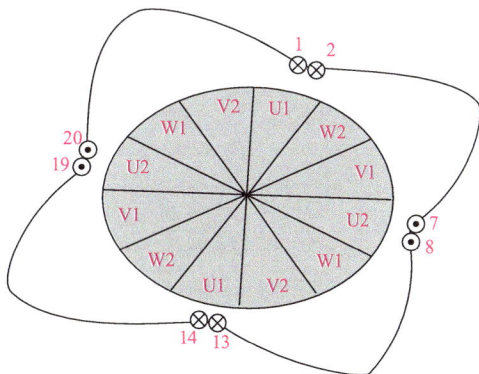

图3.11 U相瞬时电流分布端面图

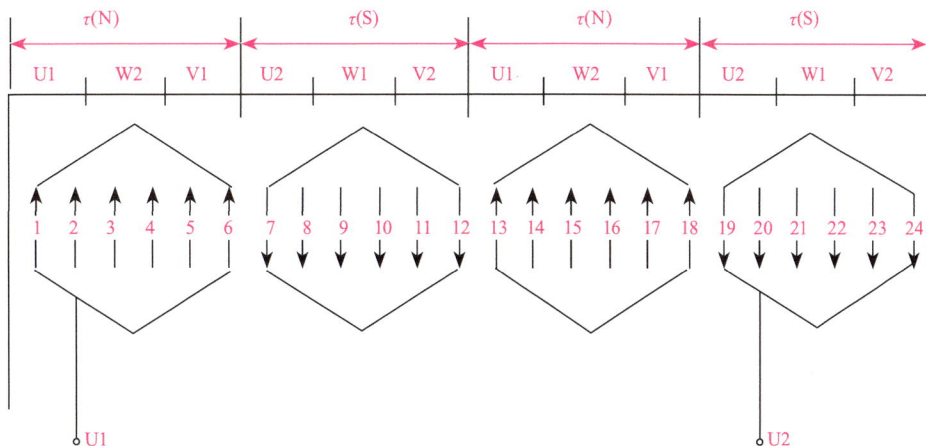

图3.12 U相瞬时磁场分布图

4.绘制三相绕组的端部接线图

三相绕组的端部接线图如图3.13所示。

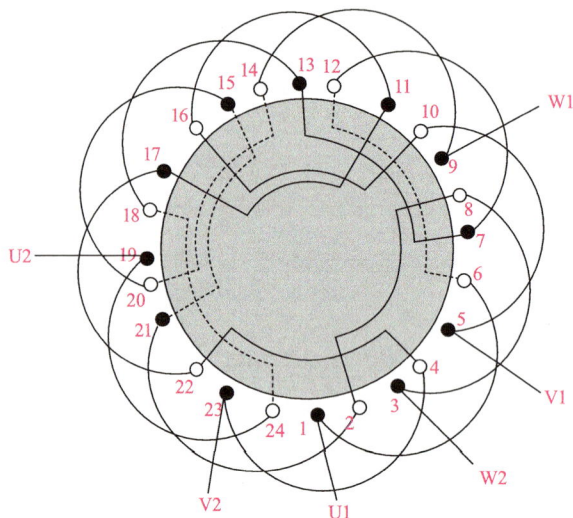

图 3.13 三相 24 槽四极单层链式绕组端部接线图

三相单层链式绕组的端部接线顺序如图3.14所示。

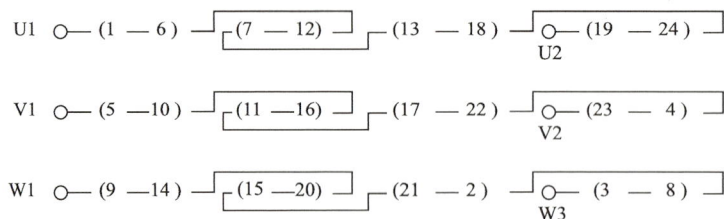

图 3.14 三相单层链式绕组的端部接线顺序

2) 三相单层同心式绕组的连接。

同心式绕组线圈布置示意图如图 3.15 所示,由于这种绕组线圈的轴线是同心的,因此每个线圈具有不同的节距。

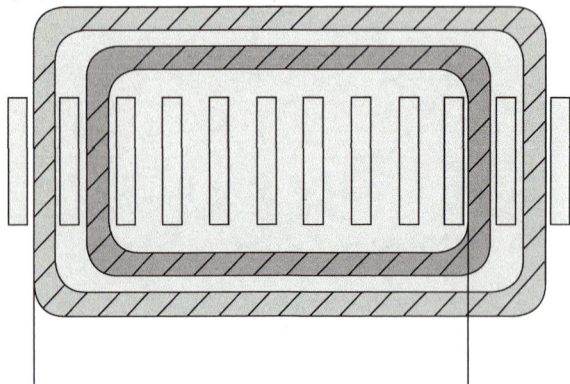

图 3.15 同心式绕组线圈布置示意图

示例　连接三相四极24槽异步电动机定子单层同心式绕组

1. 确定相关参数

$m=3$，$p=2$，$z=24$，据此计算的有关数据如下。

极距：$\tau=z/(2p)=24/(2\times2)=6$（槽）；

槽距角：$\alpha=p\times360°/z=2\times360°/24=30°$；

每极每相槽数：$q=\tau/m=6/3=2$（槽）。

节距Y的选取：为了使每个线圈获得尽可能大的电动势，大线圈节距应取（1—8）槽，小线圈节距应取（2—7）槽。

注意：当把1号槽内导体作为第一相首端时，确定第二相首端的条件是：第二相首端距第一相首端120°电角度，第三相首端距第一相首端240°电角度。为了对这种方法进行说明，此处只画出第一相的展开图，如图3.16所示。第二、三相根据各自相差120°电角度的规律便可画出。

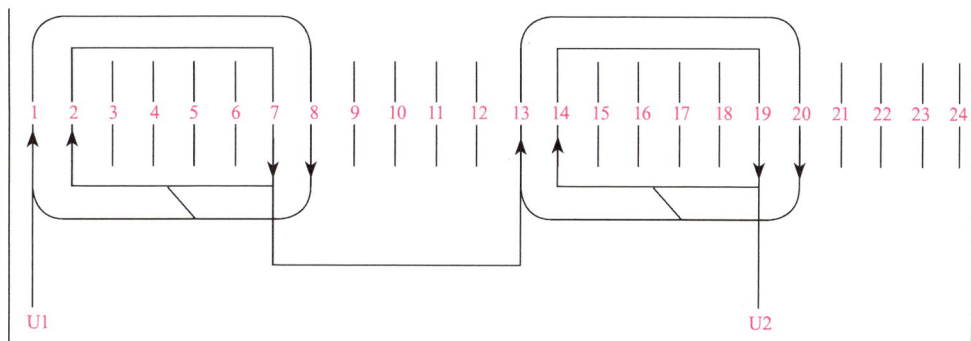

图 3.16　单层同心式绕组U相展开图（24槽）

2. 画出各相绕组的引出线

U相绕组由（1—8）、（2—7）、（13—20）、（14—19）四个线圈组成，而V、W相绕组的首端应分别在5、9槽内，依次相距120°电角度，如图3.17所示。

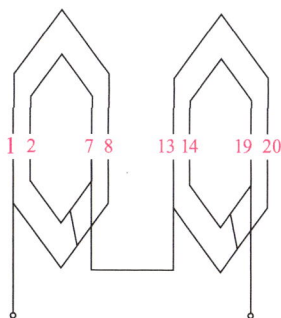

图 3.17　U相的极相组（线圈组）

3. 确定U相绕组瞬时电流和磁场分布

U相绕组瞬时电流和磁场分布如图3.18和图3.19所示。

图3.18 U相绕组瞬时电流流向示意图

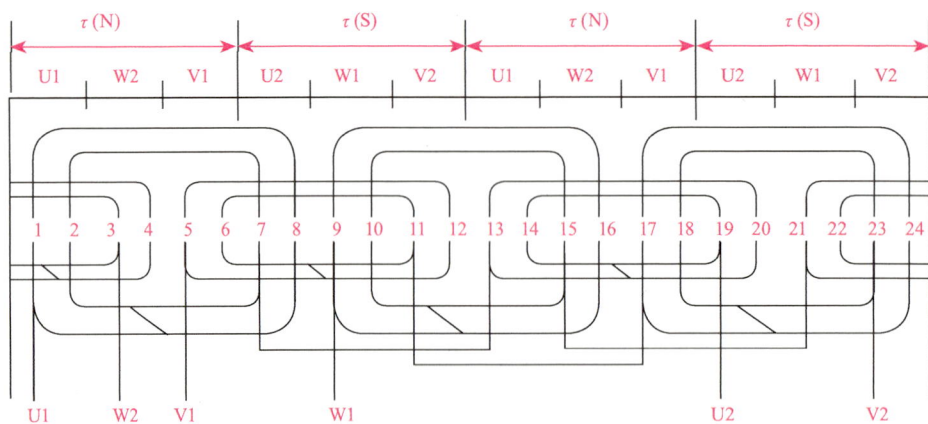

图3.19 U相绕组瞬时磁场分布图

4. 连接三相绕组端部

U相绕组端部形成同心式连接，如图3.20所示。

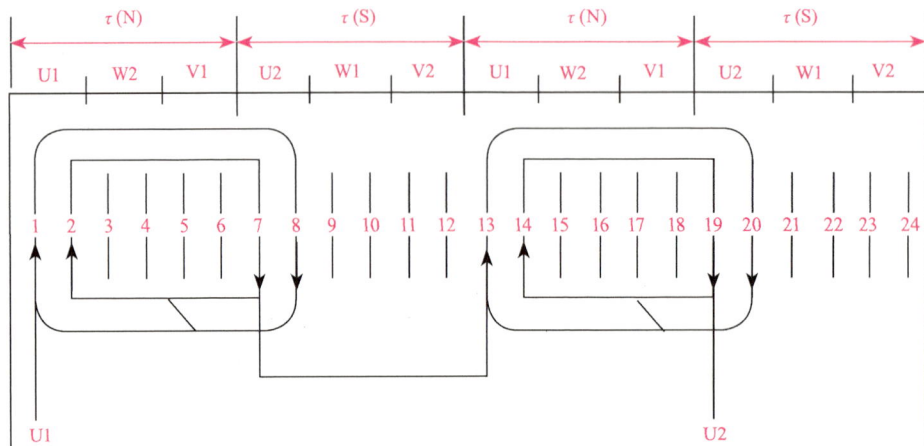

图3.20 三相单层同心式绕组展开图

根据图3.19和图3.20，三相单层同心式绕组的端部接线顺序如图3.21所示。

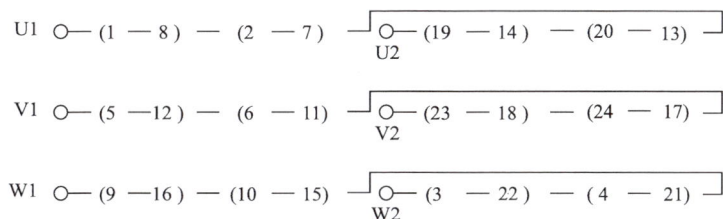

U1 ○— (1 —8) — (2 —7) ○— (19 —14) — (20 —13)
　　　　　　　　　　　　U2

V1 ○— (5 —12) — (6 —11) ○— (23 —18) — (24 —17)
　　　　　　　　　　　　V2

W1 ○— (9 —16) — (10 —15) ○— (3 —22) — (4 —21)
　　　　　　　　　　　　W2

图3.21 三相单层同心式绕组的端部接线顺序

3 检测各绕组的首尾端

(1) 判断电动机进出线端的组别

方法一：导通法。万用表拨到电阻 $R \times 1k\Omega$ 挡，一支表笔接电动机任一根引出线，另一支表笔分别接其余引出线，测得较小阻值时两表笔所接的两根引出线属于同一线圈。照此方法，可区分其余引出线的组别。判断完毕做好标记。

方法二：电压表法。将小量程电压表一端接电动机任一根引出线，另一端分别接其余引出线，同时转动电动机转轴。当表针摆动时，电压表所接的两根引出线属于同一个线圈。照此方法，可区分其余引出线的组别。判断完毕做好标记。

用万用表的直流1V电压挡代替电压表也可以进行判断，但应注意，必须缓慢转动电动机轴，防止指针大幅反打，损坏表头。

(2) 判断绕组的首尾端（或同名端、异名端）

当电动机接线板损坏或其他原因导致定子绕组的6个线头混淆时，不可盲目接线，以免引起电动机内部故障，必须厘清6个线头的首尾端后才能接线，判断方法如下。

方法一：如图3.22所示，把一相绕组尾端（U2）和任意另一绕组串联，并将其首端（U1）和另一绕组余下的一端分别接于指示灯的两端；再将其余一相绕组接在3～6V电源两端，接通电源若指示灯亮，则连接指示灯两端的接头为异名端（或一首一尾）；若指示灯不亮，则连接指示灯两端的接头为同名端（或同为首端）。照此方法，可以判别其余绕组的首尾端。

方法二：把一相绕组通过开关和一节干电池串联，如图3.23所示；另一相绕组两端与万用表的表笔相接，并将万用表的选择开关转到直流毫安的最小量程挡。当开关S接通瞬间，如果万用表指针正向摆动（若反向摆动，立即调换万用表两表笔的极性，使指针正向摆动），且摆动幅度较大（二次比较），则可判定电池"+"极所连的一端与万用表黑表笔所连的一端同为绕组的首端（或同名端）。照此方法，可以判别其余绕组的首尾端。

图3.22 电动机绕组首尾端判断1

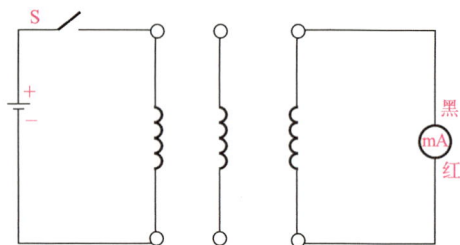

图3.23 电动机绕组首尾端判断2

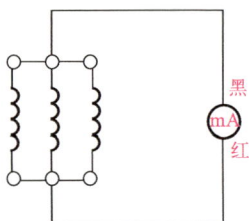

图3.24 电动机绕组首尾端判断3

进一步加以验证：当三相绕组首—首及尾—尾相连接并接于万用表两端时，如图 3.24 所示，用手转动电动机转子，万用表指针基本不动，则说明三相首尾端判断正确，否则说明某相判断有误。

4 连接三相异步电动机相绕组

三相异步电动机的连接方式主要有丫连接和△连接两种。

(1) 星形（丫）接

星形（丫）连接是将三相绕组的尾端 U2、V2、W2 接在一起，首端 U1、V1、W1 分别接到三相电源上，如图 3.25 所示。

(2) 三角形（△）连接

三角形（△）连接是将第一相的尾端 U2 接第二相的首端 V1，第二相的尾端 V2 接第三相的首端 W1，第三相的尾端 W2 接第一相的首端 U1，然后将三个接点分别接到三相电源上，如图 3.26 所示。

三相异步电动机
绕组检测与连接

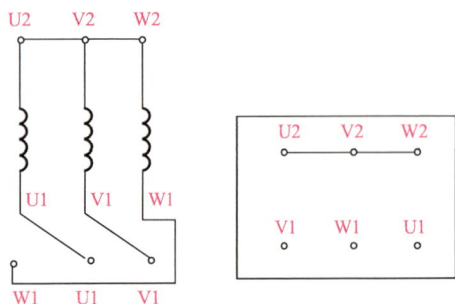

图3.25 三相绕组的星形（丫）连接

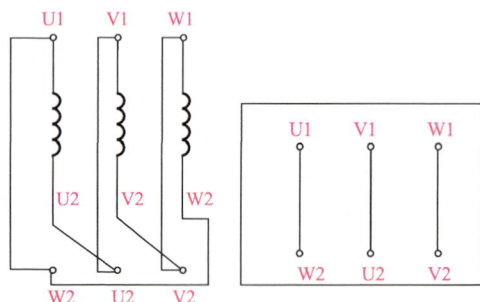

图3.26 三相绕组的三角形（△）连接

3.2.2 相关知识：三相异步电动机的有关术语和基本参数

线圈绕组主要分为单层绕组和双层绕组。

(1) 单层绕组特点

每个槽仅嵌入一个元件（一个单线圈）边的绕组称为单层绕组，它具有如下特点。

1) 槽内无须层间绝缘，不存在相间短路的问题。

2) 整个绕组的线圈数只有槽数的一半，每个槽中只嵌入绕圈的一个有效边，线圈数量较少。

3) 线圈节距不能任意选择，电气性能较差，只适用于小型的三相异步电动机。

(2) 单层绕组分类

单层绕组可分为单层链式绕组、同心式绕组、整距绕组、交叉链式绕组。

单层链式绕组 单层链式绕组每个线圈节距相等，制造方便，线圈端连接线短，磁势波形较好，但嵌线较困难。

同心式绕组 同心式绕组由多个尺寸和节距不等的线圈连成的同心形状的线圈组构成。同心式绕组端部连线较长，每极每相槽数为偶数（$q=4$、6、8 等）的三相异步电动机可采用单层同心式。

整距绕组 线圈的节距等于极距时的绕组称为整距绕组。

交叉链式绕组 采用不等距线圈连接而成的绕组称为交叉链式绕组。交叉链式绕组具有端部线圈连线短的优点，可以节约铜线。

(3) 相关术语

有些术语在项目 1 中已经做过介绍，这里只进行适当补充。

线圈 线圈又称绕组元件，分为菱形线圈和圆形线圈，如图 3.27 所示。

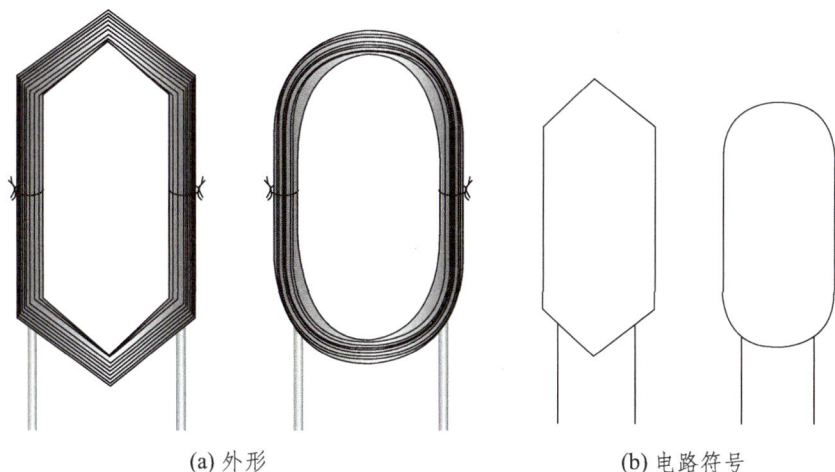

(a) 外形　　　　　　　　　(b) 电路符号

图3.27　菱形线圈和圆形线圈

线圈组 多个线圈按一定规律串联即构成线圈组，如图 3.28 所示。异步电动机中最常见的线圈组是极相组，它是一个磁极下同一相电流的几个线圈顺向串联而成的一组线圈。

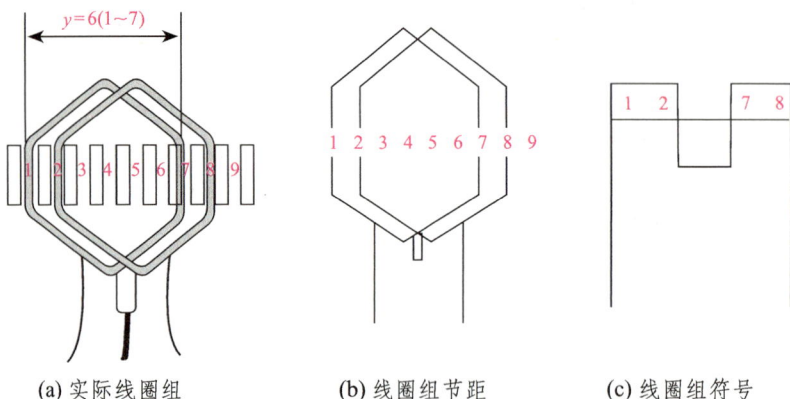

(a) 实际线圈组　　(b) 线圈组节距　　(c) 线圈组符号

图3.28　线圈组

定子槽数 z 定子铁心圆周内嵌线槽总数称为定子槽数，用字母 z 表示。

磁极数 $2p$ 磁极数是指绕组通电后所产生磁场的总磁极个数。电动机的磁极总是成对出现，所以电动机的磁极数用 $2p$ 表示。异步电动机的磁极数可从其铭牌上得到，也可根据电动机转速计算得出，即

$$2p = 120\,f/n_1$$

绕组元件数 s 电动机绕组由很多线圈构成，每一个线圈就是一个绕组元件。双层绕组元件数与定子槽数 z 相等，即 $s = z$；单层绕组元件数是定子槽数的 1/2，即 $s = z/2$。

极距 τ 相邻两异性磁极之间的距离，通常用槽数来表示，即

$$\tau = z/2p$$

电角度 定子铁心的横截面是一个圆，其几何角度为 360°。从电磁角度来看，一对 N、S 极构成一个磁场周期，即一对磁极对应 360° 电角度。四极电动机的一个几何圆周是 720° 电角度。电动机的磁极对数为 p 时，气隙圆周的角度数为 $p \times 360°$ 电角度。

相数 m 三相电动机的相数 $m = 3$。

槽距角 α 槽距角是指定子相邻槽之间的间隔，用电角度表示，即

$$\alpha = 180° \times 2p/z_1$$

例如，24 槽四极三相异步电动机的槽距角为 30°。

相带 三相异步电动机定子绕组每极每相所占的电角度称为相带。一般将每相的槽数均匀分布在每个磁极下，因为每个磁极所占的电角度是 180°，所以对三相绕组来说，每相占有 60° 电角度，称为 60° 相带。

(4) 三相绕组的构成规则

1) 每相绕组的槽数必须相等，且在定子上均匀分布。

2) 三相绕组在空间上应相互间隔 120°电角度。

3) 三相绕组一般采用 60°电角度相带，即三相绕组有效边在一对磁极下均匀分为 6 个相带。

3.2.3　实践操作检测与评价

(1) 记录实训用三相笼型异步电动机的铭牌数据（表 3.10）

表 3.10　三相笼型异步电动机铭牌

型号_____　　　电压_____（V）　接法_____
功率_____（W）　电流_____（A）　定额_____
转速_____（r/min）　功率因数_____
频率_____（Hz）　　绝缘等级_____
配分：10　实际得分:_____

(2) 用万用表判别定子三相绕组的首尾端（表 3.11）

表 3.11　判别定子三相绕组的首尾端

项目	判断结果	配分	实际得分
各相绕组的判断（用万用表"R×1Ω"挡）	U相:_____ V相:_____ W相:_____	9	
三相绕组首尾端判断	U相:_____ V相:_____ W相:_____	12	
合计		21	

(3) 用兆欧表测量电动机绕组之间的绝缘电阻（表 3.12）

表 3.12　测量电动机绕组之间的绝缘电阻

项目	测量结果/MΩ	配分	实际得分
U相与V相		2	
V相与W相		2	

项目	测量结果/MΩ	配分	实际得分
W相与U相		2	
绕组对地（机壳）之间的绝缘电阻		2	
合计		8	

（4）进行绕组端部接线

将端部接线的相关资料记入表 3.13 中。

表 3.13　绕组端部接线测评内容

绕组类型		链式绕组	同心式绕组	配分	实际得分
接线顺序（用铁心槽数表示）	U相			17	
	V相			17	
	W相			17	
合计				51	

（5）连接三相异步电动机

丫连接和△连接

操作结果：_____。

实际得分：_____。（配分：10 分）

（6）简答

1）你在绕组连接中的操作工艺是怎样的？

2）在绕组线头、线尾接线任务完成以后，你是怎样处理定子绕组端部的？

3）在三相电动机定子绕组连接过程中，你最大的收获是什么？

任务 *3.3* 排除三相异步电动机的常见故障

任务目标：

　　1. 会分析三相异步电动机典型故障的产生原因；

　　2. 会排除三相异步电动机的典型故障；

　　3. 掌握三相异步电动机常见故障的排除方法。

任务描述：

　　本任务就典型的、常见的故障进行分析并展开模拟训练：在实训室由教师预先在电动机及相关电路上设置故障，然后学生根据自己掌握的知识和技能予以排除。

　　三相异步电动机发生各种故障时，及时判断故障原因并进行相应处理，是防止故障扩大、保证设备正常运行的一项重要工作。使用中的电动机一旦出现故障，往往会给人们的生产生活带来不利影响甚至造成重大损失。由此可见，掌握三相异步电动机的维修技能很有必要。

3.3.1　实践操作：三相异步电动机故障排除

　　三相异步电动机典型故障的现象、可能原因分析与检修思路及操作示意图如下。

故障现象一：通电后电动机完全无反应（图3.29）

这种故障的可能原因与检修思路如下。

（1）电源供电线路开路

故障原因可能是熔断器熔断、线路焊点脱焊、线路中的金属芯线受机械力损伤分断等。这种线路开路故障通常用万用表电阻挡检测。如果线路正常，万用表读数趋于线路正常电阻值；如果其间有分断点，则所测电阻值远大于正常值，甚至趋于∞。

（2）三相绕组开路

绕组开路检修难度较大，必须拆开电动机，取出定子检测。首先检测绕组进线端与绕组公

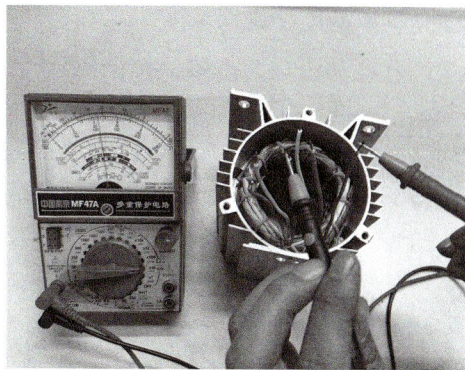

三相异步电动机故障检修

图3.29　分组淘汰法检测绕组开路故障点

共接线端之间的直流电阻值，若为∞，只要电源引出线完好，则可确定故障原因是绕组开路。

若要判断故障点具体在哪一个线圈上，可采用分组淘汰法（图3.29）：先焊开4个线圈的中间连接线，将其分为每两个线圈一组；再用万用表分别检测每组线圈，哪一组电阻值特大，故障就在这一组。按此规律，可很快找到故障线圈。最后判断故障点是在线圈端部还是在铁心嵌线槽中：若端部故障点，则可用划线板拨开检查并焊接修复（注意处理好绝缘）；若故障点在铁心嵌线槽内，则只能更换线圈。

故障现象二：通电后不转但有"嗡嗡"声，外力推动转子也不转（图3.30）

这种故障现象除可由绕组内部接错引起外，其余多是由机械故障引起的。

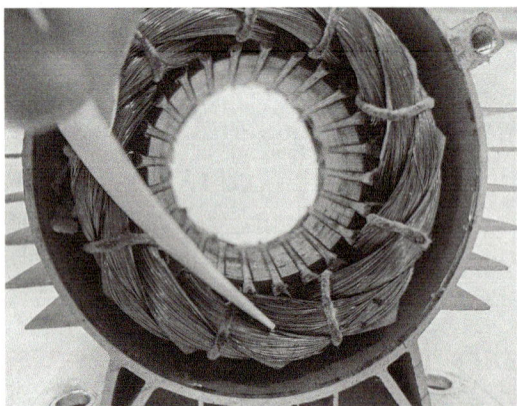

图3.30　划线板分开绕组检查开路点

1) 定、转子绕组有断路（一相断线）或电源一相失电。
2) 绕组引出线始、末端接错或绕组内部接反。
3) 电源回路接点松动，接触电阻大。
4) 电动机负载过大或转子卡住。
5) 电源电压过低。
6) 小型电动机装配太紧或轴承内油脂硬度过大导致轴承损坏。
7) 转轴卡住。

故障现象三：起动后转速明显低于正常值（图3.31）

实训室出现这种故障的可能原因及检修思路如下。

1) 电源电压过低。
2) 电动机应为△接法，但实际为丫接法。
3) 笼型转子开焊或断裂。
4) 定、转子局部线圈错接、接反。
5) 修复电动机绕组时线圈增加匝数过多。

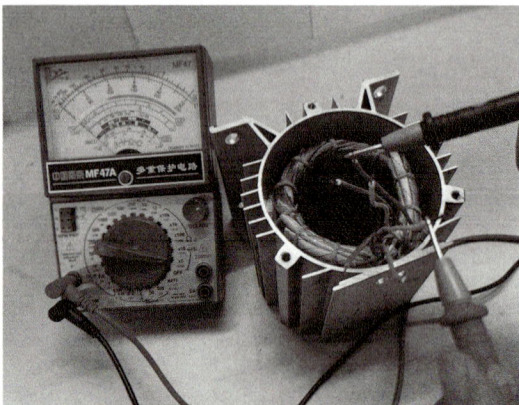

图3.31　检查绕组短路

故障现象四：电动机漏电，接触机壳有触电感觉（图3.32）

这类故障一般是由电源电压漏向机壳所致，其检查方法如下。

将兆欧表的"L"端接绕组，"E"端接机壳，所测电阻值很小甚至为零，说明绕组对机壳短路（正常值应大于0.5MΩ）。确定故障点的方法可参照检查绕组断路故障的方法。

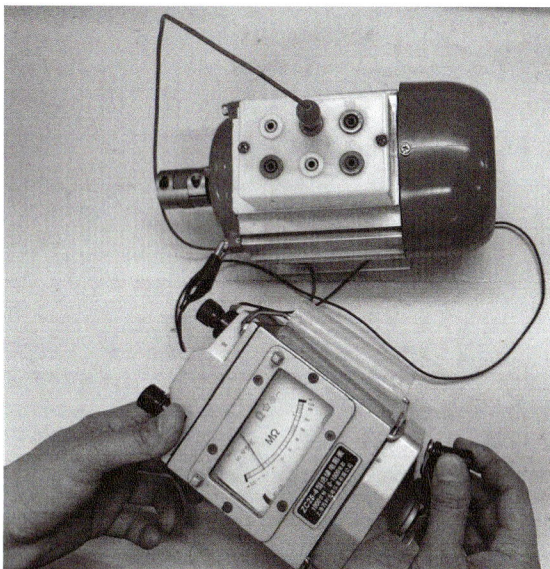

图3.32 检测绕组对机壳的绝缘电阻

故障现象五：电动机温升过高

这种故障的可能原因如下。

1) 电源电压过高，使铁心发热大幅增加。

2) 电源电压过低，同时电动机带额定负载运行，电流过大使绕组发热。

3) 修理拆除绕组时采用热拆法，操作不当，灼伤铁心。

4) 定、转子铁心相摩擦。

5) 电动机过载或频繁起动。

6) 笼型转子断条。

7) 电动机缺相，以两相运行。

8) 重绕后定子绕组浸漆不充分。

9) 环境温度高，电动机表面污垢多，或通风道堵塞，散热条件差。

10) 电动机风扇故障，造成通风不良。

11) 定子绕组故障（相间、匝间短路，定子绕组内部连接错误）。

3.3.2 相关知识：三相异步电动机常见故障及排除方法

三相异步电动机故障排除的相关内容如表 3.14 所示。

表 3.14 三相异步电动机典型故障及排除方法一览表

序号	故障现象	故障原因	排除方法
1	通电后电动机不能转动，但无异响，也无异味和冒烟	电源未通（至少两相未通）	检查电源回路开关、熔丝、接线盒处是否有断点，予以修复
		熔丝熔断（至少两相熔断）	检查熔丝型号、熔断原因，换装新熔丝
		过流继电器电流调得过小	调节继电器电流整定值，以与电动机匹配
		控制设备接线错误	改正接线
2	通电后电动机不转，然后熔丝烧断	缺一相电源，或定子线圈一相开路或接反	检查刀开关是否有一相未合好，检查电源回路是否有一相断线；消除反接故障
		定子绕组相间短路	查出短路点，予以修复
		定子绕组接地	消除接地
		定子绕组接线错误	查出误接，予以更正
		熔丝截面过小	更换熔丝
		电源线短路或接地	消除短路点或接地点
3	通电后电动机不转但有"嗡嗡"声	定、转子绕组有断路（一相断线）或电源一相失电	查明断点，予以修复
		绕组引出线始、末端接错或绕组内部接反	检查绕组极性；判断绕组接线是否正确
		电源回路接点松动，接触电阻大	紧固松动的接线螺钉，用万用表判断各接头是否接触不良，予以修复
		电动机负载过大或转子卡住	减小负载或消除机械故障
		电源电压过低	检查是否把规定的△接法误接为丫形；是否由于电源导线截面过小使压降过大，若是则予以纠正
		小型电动机装配太紧或轴承故障	重新装配使之灵活；检修或更换合格轴承
		轴承卡住	修复轴承

续表

序号	故障现象	故障原因	排除方法
4	电动机起动困难，额定负载时，电动机转速明显低于额定转速	电源电压过低	测量电源电压，设法改善
		应为△接法，实际采用丫接法	纠正接法
		笼型转子开焊或断裂	检查开焊部位和断点并修复
		定子局部线圈接错、反接	查出误接处，予以改正
		修复电动机绕组时线圈增加匝数过多	恢复正确匝数
5	电动机空载，电流不平衡，三相相差大	重绕时，定子三相绕组线圈匝数不相等	重新绕制定子绕组
		绕组首、尾端或内部线圈之间接错	检查并纠正
		电源电压不平衡	测量电源电压，设法消除不平衡因素
		绕组存在匝间短路、线圈反接等故障	确定具体故障并修复
6	电动机空载、过载时，电流表指针不稳，频繁摆动	笼型转子导条开焊或断条	查出断条，予以修复或更换转子
		绕线型转子故障（一相断路）或电刷、集电环短路或接触不良	检查绕线转子回路并予以修复
7	电动机空载，电流平衡，但数值大	修复时，定子绕组线圈匝数减少过多	重绕定子绕组，恢复正确匝数
		电源电压过高	设法降低电压值至标准值
		应为丫接法，实际采用△接法	将△接法改接为丫接法
		在电动机装配中，转子装反，使定子铁心端面未对齐，有效长度减短	重新装配
		气隙过大或不均匀	调整气隙或更换新转子
		采用热拆法拆除旧绕组时，操作不当，使铁心烧损	检修铁心或重新计算绕组，适当增加线圈匝数
8	电动机运行时有异响	转子与定子绝缘纸或槽楔相碰触	修剪绝缘，削低槽楔
		轴承磨损或油内有砂粒等异物	更换或清洗轴承；换装新润滑油
		定、转子铁心松动	检修定、转子铁心
		轴承缺油	加油

续表

序号	故障现象	故障原因	排除方法
8	电动机运行时有异响	风道堵塞或风扇擦风罩	清理风道,重新安装风罩
		定、转子铁心相碰触(扫堂)	消除定、转子凸出部分
		电源电压过高或不平衡	检查并调整电源电压
		定子绕组错接或短路	确定具体故障并修复
9	电动机运行时振动幅度较大	轴承过于磨损,间隙过大	检修轴承,必要时更换
		气隙不均匀	调整气隙,使之均匀
		转子动平衡差	校正转子动平衡
		转轴弯曲	校直转轴,必要时更新
		铁心变形或松动	校正铁心或更换定子
		联轴器(带轮)中心未校正	重新校正,使之符合要求
		风扇不平衡	检修风扇,校正平衡
		基础强度不够	进行加固
		电动机地脚螺钉松动	紧固地脚螺钉
		笼型转子开焊断路;绕线转子断路;定子绕组故障	找出故障位置并修复
10	轴承过热	滑脂过多或过少	按规定调整润滑脂量(容积的 1/3~2/3)
		润滑油含有杂质	更换清洁的润滑油
		轴承与轴颈或端盖配合不当(过松或过紧)	过松可用粘结剂修复,过紧应车、磨轴颈或端盖内孔,使之相配合
		轴承内孔偏心,与轴相擦	修理轴承内孔,消除摩擦点
		电动机端盖或轴承盖未装平	重新装配
		电动机与负载间联轴器未校正,或带过紧	重新校正,调整带张力
		轴承间隙过大或过小	更换新轴承
		电动机轴弯曲	校正电动机轴或更换转轴

续表

序号	故障现象	故障原因	排除方法
11	电动机过热,甚至冒烟	电源电压过高,使铁心发热量大幅增加	减小电源电压(如调整供电变压器分接头),若是电动机绕组接法错误引起,则应改正接法
		电源电压过低,电动机又带额定负载运行,电流过大使绕组发热	增大电源电压或增大供电导线截面
		采用热拆法修理拆除绕组时,操作不当,灼伤铁心	检修铁心,排除故障
		定、转子铁心相碰触	消除碰触点(调整气隙或更换转子)
		电动机过载或频繁起动	减载;按规定次数控制起动
		笼型转子断条	检查并消除转子绕组故障
		电源缺相,以两相运行	恢复三相运行
		重绕后,定子绕组浸漆不充分	采用二次浸漆及真空浸漆工艺
		环境温度高,电动机表面污垢多,或通风道堵塞	清洗电动机,改善环境温度,采取降温措施
		电动机风扇故障,通风不良,定子绕组故障(相间、匝间短路定子绕组内部连接错误)	检查并修复风扇,必要时检修更换定子绕组,消除故障

3.3.3　实践操作检测与评价

为了提高学生分析和排除三相异步电动机常见故障的能力,每个学生至少应排除 4 种故障。每排除一种故障,均要求将故障现象、故障原因分析、检查故障程序、所用工具仪表、故障部位记入表 3.15 中。

表 3.15　排除三相异步电动机故障测评记录

故障编号	故障现象	故障原因分析	检查故障程序	所用工具仪表	故障部位	配分	实际得分
1						25	
2						25	
3						25	
4						25	
合计						100	

巩固与应用

1. 一般情况下，为什么测量绝缘电阻时要用兆欧表，而不用万用表？

2. 参照图 3.19，如果规定 U 相绕组首端从 3 槽进，试根据所掌握的知识画出它的三相绕组端部接线图。

3. 怎样对一台 24 槽二极定子是同心式绕组的电动机的定子绕组进行端部接线？

4. 一台三相异步电动机通电后不转但有"嗡嗡"声，即使有外力推动也不转，试分析可能由哪些原因造成。

5. 如果用手背试探、触摸电动机外壳有触电感觉，这可能是由哪些部位的故障造成的？

三相异步电动机控制电路的
接线和典型故障的排除

学习目标

技能目标 ☞

1. 认识并会使用本项目所用低压电器；
2. 会按要求在电路板上连接三相异步电动机单向运转（包括点动与连续转动）控制电路；
3. 会按要求在电路板上连接三相异步电动机可逆运转控制电路和电动机拖动生产机械往复行程控制电路；
4. 会按要求在电路板上连接三相异步电动机反接制动控制电路；
5. 会按要求在电路板上连接双速三相异步电动机调速控制电路；
6. 会按要求在电路板上连接三相异步电动机丫－△降压起动控制电路。

知识目标 ☞

1. 理解本项目所用低压电器的结构与工作原理；
2. 理解三相异步电动机单向运转（包括点动和连续运转）控制电路的结构与工作原理；
3. 理解三相异步电动机可逆运转控制（接触器联锁和接触器与按钮双重联锁）电路的结构与工作原理；
4. 理解三相异步电动机拖动生产机械往复行程控制电路的结构与工作原理；
5. 理解三相异步电动机制动控制电路和调速控制电路的结构与工作原理；
6. 理解三相异步电动机丫－△降压起动控制电路的结构与工作原理。

思政目标 ☞

1. 养成认真细致的工作态度和严谨的工作作风；
2. 培养团队意识，增强动手能力、沟通能力等素养。

任务 4.1　连接三相异步电动机单向运转控制电路

任务目标：

1. 熟悉并会使用本任务所用低压电器；
2. 熟悉三相异步电动机单向运转控制电路所用低压电器的结构与原理；
3. 熟悉三相异步电动机单向运转控制电路的结构与原理；
4. 熟悉三相异步电动机单向运转控制电路板上的元器件及其布局；
5. 会连接三相异步电动机单向运转控制电路，并能排除其典型故障。

任务描述：

根据工艺流程与要求正确连接三相异步电动机单向运转控制电路。

连接电路的流程：熟悉电路原理图→分析工作过程与原理→熟悉电路板的元器件布局→绘制接线图→照图接线→检测线路→通电测试→验收→设置故障→排除故障→还原正确电路。

三相异步电动机单向运转控制电路在生产中的应用极为广泛，在使用电动机作为输出动力源的设备中，这类电路在电动机控制电路中占有很大比重，所以从事电类专业操作的人员学好这部分知识，并掌握其操作维修技能是非常重要的。此外，电动机单向运转控制电路也是学好后续其他控制电路的基础。

4.1.1　实践操作：电动机单向运转控制电路的连接

1　认识控制电路所用的主要低压电器

（1）低压断路器

低压断路器又称自动空气开关或自动空气断路器，简称断路器。它是低压配电线路和电气控制设备中常用的配电电器，它集控制和多种保护功能于一体。在线路正常工作时，它作为电源开关接通和分断电路；当电路中发生短路、过载和失压等故障时，它能自动跳闸切断故障电路，从而保护线路和电气设备。

常用低压断路器按结构分为框架式和塑壳式两种类型。本书实训所使用的是塑壳式低压断路器，如图 4.1 所示。低压断路器的图形与文字符号如图 4.2 所示。

低压断路器由触头系统、灭弧装置、保护装置、传动机构及外壳组成。保护装置与传动机构组成脱扣器，主要有过电流脱扣器（短路保护）、热脱扣器（过载保护）、欠电压脱扣器等。低压断路器的工作原理：在正常工作情况下，将它的三副主触头串联在被控制的三相电路中，扳动操作机构，此时脱扣器闭锁，动、静触头接触，使电源接通；当线路发生过载时，电磁系统的双金属片产生变形，推动锁扣使脱扣器脱扣，动触头断开，切断电源；当线路发生短路时，电磁系统吸动铁心，铁心顶杆推动锁扣使脱扣器脱扣，完成断路器的分断保护。欠电压脱扣器用作零压和欠压保护。具有欠电压脱扣器的断路器，在欠电压脱扣器两端无电压或电压过低时不能接通电路。

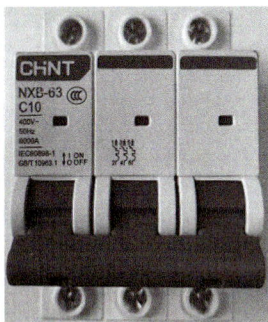

图4.1 低压断路器（3P）

图4.2 低压断路器的图形与文字符号

（2）熔断器

熔断器是电力拖动控制线路中的一种重要保护电器，主要用于短路保护。使用时，熔断器串联在所保护的电路中。当电路正常工作时，熔断器中的熔体相当于一根导线，允许通过一定的电流而不熔断；当电路发生短路故障时，熔体中会流过很大的电流而立即熔断，切断电源使电动机停转，从而保护电动机及其他电气设备。熔断器有瓷插式、螺旋式、封闭管式等类型，本书实训所使用的是有填料封闭管式圆筒帽形熔断器，如图 4.3 所示。熔断器的图形与文字符号如图 4.4 所示。

图4.3 有填料封闭管式圆筒帽形熔断器

图4.4 熔断器的图形与文字符号

熔断器主要由熔体、安装熔体的熔管和熔座三部分组成。熔体是熔断器的核心，常做成丝状、片状或栅状，一般由铅锡合金制成。熔管是保护熔体的外壳，用耐热的绝缘材料制成，在熔体熔断时兼有灭弧作用。熔座是熔断器的底座，用于固定熔管和外接引线。

熔断器的额定电流与熔体的额定电流是两个不同的概念。熔体的额定电流是指在规定的工作条件下，长时间通过熔体而熔体不熔断的最大电流。通常一个额定电流等级的熔断器可以配用若干个额定电流等级的熔体，但要保证熔体的额定电流不能大于熔断器的额定电流。例如，实训用型号为RT28N-32X的熔断器，其额定电流为32A，它可以配用额定电流为2A、4A、6A、8A、10A、12A、16A、20A、25A和32A的熔体。

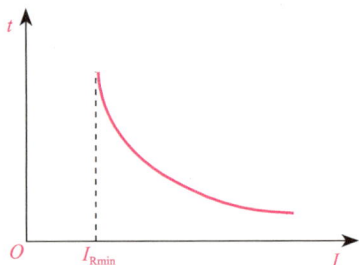

图4.5　熔断器的时间-电流特性曲线

熔断器的时间－电流特性曲线：在规定的条件下，流过熔体的电流与熔体熔断时间的关系曲线，又称安－秒特性或保护特性曲线，如图4.5所示。从该关系曲线可以看出，熔体的熔断时间t随电流I的增大而缩短，是反时限特性。

从图4.5中可以看出，熔断电流越大，熔体熔断时间越短。当控制线路中出现短路故障时，线路中将产生很大的短路电流，此时熔断器会立即动作，迅速切断电源，从而保证控制线路及电气设备的安全。

（3）交流接触器

接触器是一种自动电磁式开关，可用于频繁地遥控接通或断开主电路及控制电路。接触器具有欠电压和过电压保护功能，具有操作频率高、工作可靠、性能稳定、使用寿命长、维护方便等优点，在电力拖动系统中得到广泛应用。接触器按分断电流种类可分为交流接触器和直流接触器两种，本书实训采用CJX2系列的交流接触器，如图4.6所示。交流接触器的图形与文字符号如图4.7所示。

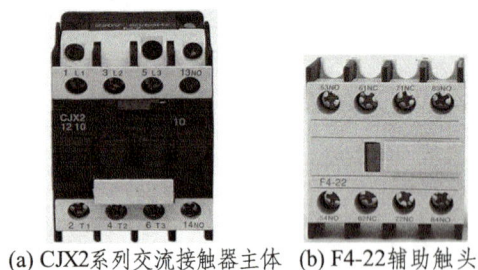

(a) CJX2系列交流接触器主体　(b) F4-22辅助触头

图4.6　交流接触器

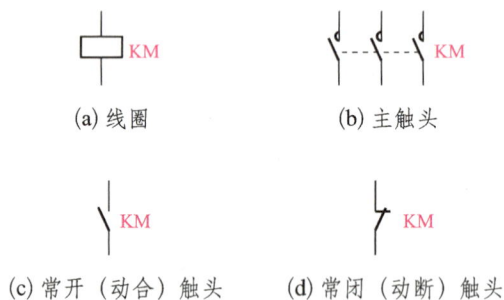

(a) 线圈　　　　　　　(b) 主触头

(c) 常开（动合）触头　　(d) 常闭（动断）触头

图4.7　交流接触器的图形与文字符号

交流接触器主要由电磁系统、触头系统、灭弧装置和辅助部件等组成。

电磁系统　电磁系统主要由线圈、静铁心和动铁心（衔铁）三部分组成。交流接触器利用电磁系统中线圈的得电或失电使静铁心吸合或释放动铁心，从而带动常开触头与常闭触头闭合或分断，实现电路的接通或断开。

触头系统　交流接触器的触头按通断能力可分为主触头和辅助触头。主触头用以通断电流较大的主电路，一般由三对常开触头组成。辅助触头用以通断电流较小的控制电路，可以根据需要选择辅助触头的数量。

灭弧装置 交流接触器在断开大电流或高电压电路时，会在动、静触头之间产生很强的电弧。电弧会灼伤触头，减少触头的使用寿命，也会造成弧光短路引起火灾事故，所以必须保证触头间的电弧尽快熄灭。

交流接触器工作原理

辅助部件 交流接触器的辅助部件有反作用弹簧、缓冲弹簧、触头压力弹簧、传动机构及底座、接线柱等。

交流接触器的工作原理如图 4.8 所示，当按下按钮后，交流接触器的线圈通电，线圈中的电流产生磁场，使静铁心产生足够大的电磁吸力，克服反作用弹簧的反作用力将动铁心吸合，动铁心通过传动机构带动辅助常闭触头先分断，三对常开主触头和辅助常开触头后闭合；松开按钮后，当线圈失电或电压显著降低时，由于静铁心的电磁吸力消失或过小且小于反作用弹簧的反作用力，触头在反作用力下复位，带动所有主触头和辅助触头恢复到原先状态（常开触头断开，常闭触头闭合）。

图4.8 交流接触器的工作原理

（4）热继电器

热继电器是利用电流流过继电器的发热元器件时所产生的热效应而推动触头动作的一种保护电器，主要用于电动机的过载保护、断相保护、电流不平衡运行保护及其他电气设备发热状态的控制。本书实训采用 JRS2 系列热继电器，如图 4.9 所示。热继电器的图形与文字符号如图 4.10 所示。

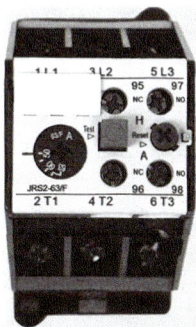

图4.9 JRS2系列热继电器

（a）主触头　（b）常闭触头　（c）常开触头

图4.10 热继电器的图形与文字符号

热继电器以双金属片式应用最多，双金属片式热继电器主要由热元件、传动机构、常闭触头、电流整定按钮、复位按钮和复位调节螺钉等组成，如图 4.11 所示。

图4.11 双金属片式热继电器的结构

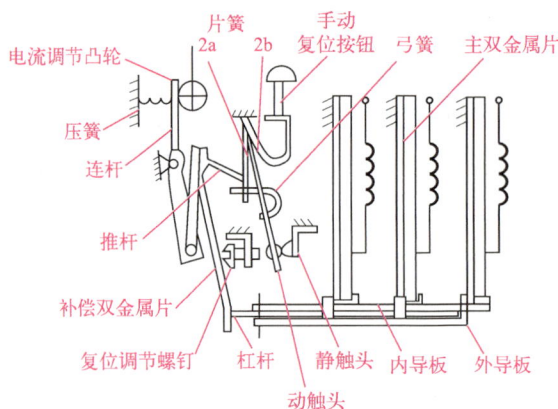

热继电器工作原理

热继电器的热元件由主双金属片和绕在它外面的电阻丝组成，主双金属片是由两种不同热膨胀系数的金属片复合而成的。在使用热继电器时，需要将热元件串联在主电路中，常闭触头串联在控制电路中。当电动机过载时，主电路中的电流增大，温度升高，热膨胀系数不同的双金属片就会向一定方向弯曲，通过传动机构推动常闭触头断开，切断控制电路，再通过接触器切断主电路，实现对电动机的过载保护。

（5）按钮

按钮是用人体某一部分施加力而操作、并具有弹簧储能复位功能的控制开关。按钮的触头允许通过的电流较小，一般不超过 5A。一般情况下，由于按钮载流量小，它不直接控制主电路的通断，而是通过在控制电路中发出指令或信号控制接触器、继电器等的动作，以此实现主电路的接通与分断，从而实现电动机起停的控制。本书实训采用的是 LA38 系列按钮，由 4 个颜色不同的单按钮组成按钮组，如图 4.12 所示。按钮的图形与文字符号如图 4.13 所示。

图4.12 LA38系列按钮

(a) 常闭按钮　　(b) 常开按钮　　(c) 复合按钮

图4.13 按钮的图形与文字符号

按钮一般由按钮帽、复位弹簧、桥式动触头、常开与常闭静触头、支柱连杆等部分组成，如图 4.14 所示。

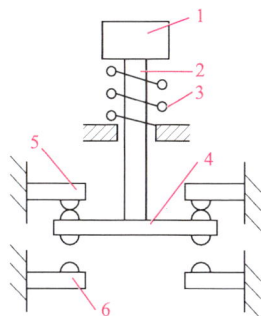

1—按钮帽；2—支柱连杆；3—复位弹簧；4—桥式动触头；5—常闭静触头；6—常开静触头。

图4.14 按钮的基本结构

2 连接三相异步电动机单向运转点动控制电路

步骤一 按照电路原理图和实际装接图配置器材，注意检查所配器材是否完好，再用仪表检查这些器材是否可用，并将器材选用和检测结果记入表 4.1 中。

表 4.1 三相异步电动机单向运转点动控制电路器材明细表

符号	名称	型号与规格	数量	检测结果是否可用
QF	低压断路器	NXB-63 C10 380V	1	
FU1	主电路熔断器	RT28N-32X 配10A熔芯	3	
FU2	控制电路熔断器	RT28N-32X 配2A熔芯	2	
KM	交流接触器	CJX2-12，380V，配F4-22	1	
SB	按钮（点动）	LA38-4H，组合式四组	1	
XT	接线端子	TD-1525，15A	1	
	主电路用导线	BVR-1.5mm^2	适量	
	控制电路用导线	BVR-1mm^2	适量	
	冷压端子	1～1.5mm^2	适量	
	号码管	白色 1～1.5mm^2	适量	
	电工板（铁质）	500mm×450mm×20mm	1	

步骤二 识读控制电路原理图，熟悉电路板上的元器件布局，按照实际装接图设计每根导线的长短、走向与成型。三相异步电动机单向运转点动控制电路原理图如图 4.15 所示，元器件布置图如图 4.16 所示，参考接线示意图如图 4.17 所示， 实际装接图如图 4.18 所示。

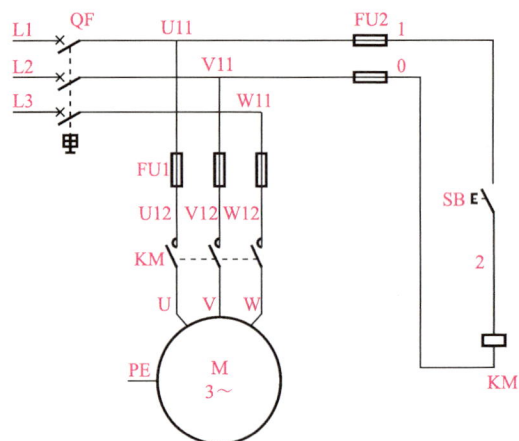

图4.15　三相异步电动机单向运转点动控制电路原理图

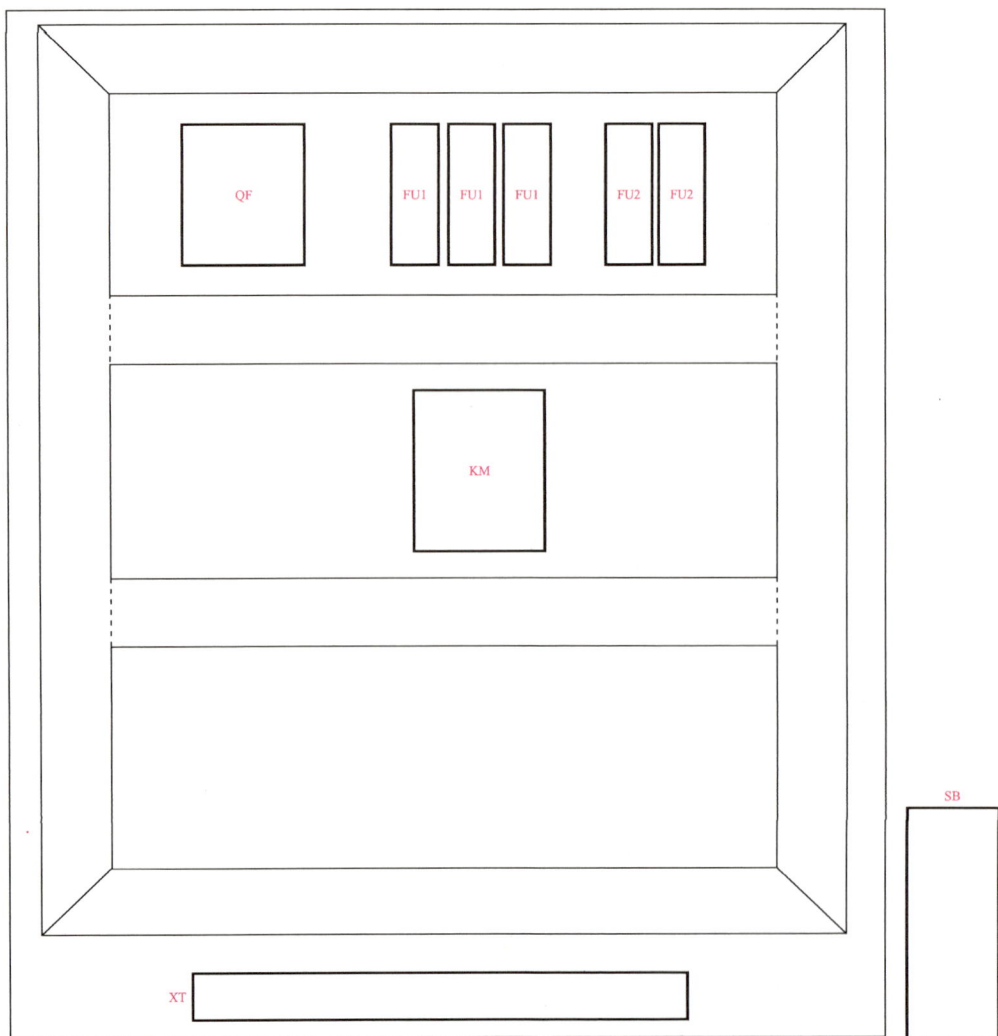

图4.16　三相异步电动机单向运转点动控制电路元器件布置图

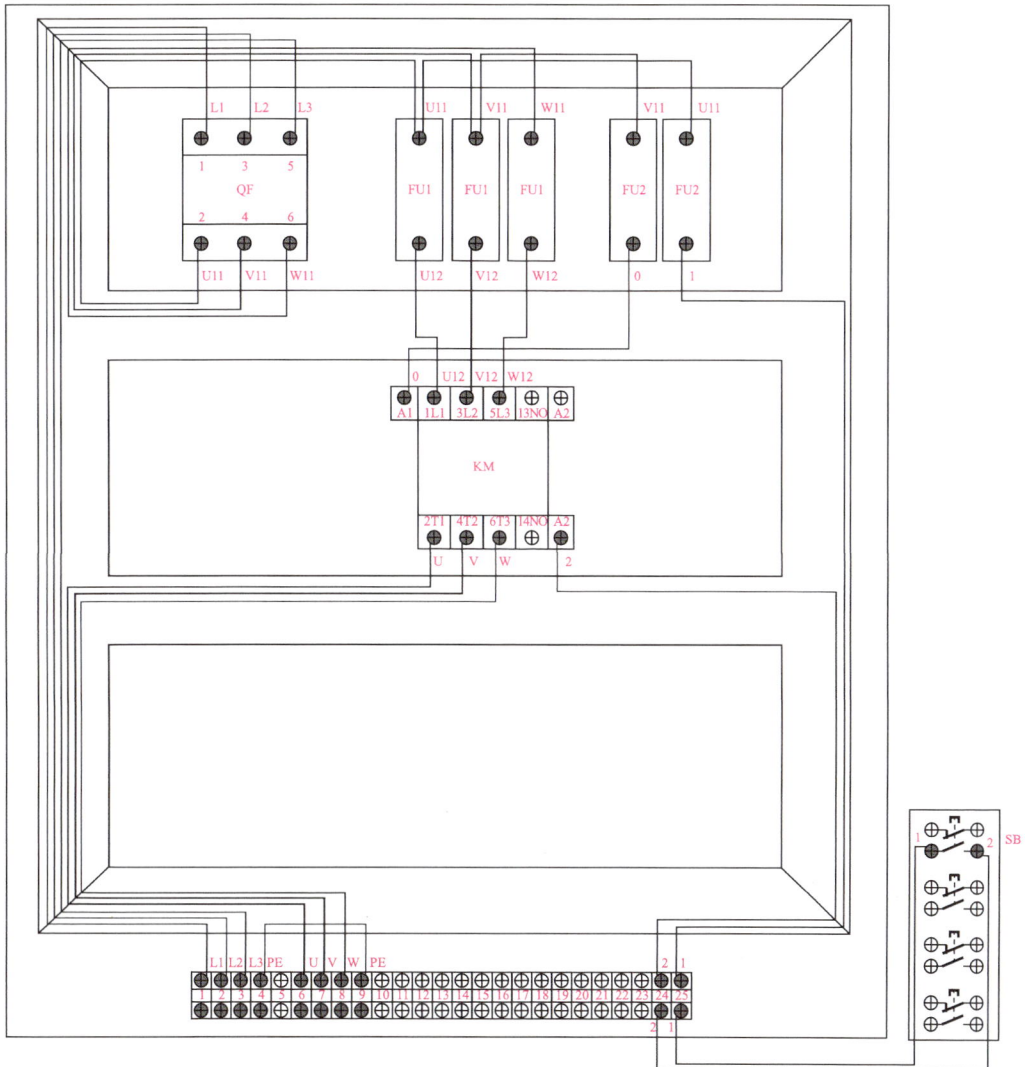

图4.17　三相异步电动机单向运转点动控制电路参考接线示意图

图4.18　三相异步电动机单向运转点动控制电路实际装接图

步骤三 在元器件已经安装完成的电路板上，按照表 4.2 的工艺要求连接电路。一般要求先连接控制电路，再连接主电路，这样不易影响后续线路的布设。

表 4.2 连接电路板的工艺要求

总要求	具体操作要求
横平竖直	导线只能在水平面上横向和纵向排列，不能走斜线。在同一个平面相邻导线间距力求相等。主、辅电路导线分类集中，并行密布
转角直角	导线在需要转角时，所转角只能是圆滑的90°角，不能有钝角或锐角。各根导线圆弧大小应尽量一致
长线沉底	较长的导线必须沿着电工板的板面走线，因为长线架空敷设会存在不稳固的隐患
走线成束	多根导线沿同一方向敷设时，为了牢固，要求导线间靠近并成束排布，统一绑扎
同面不交叉	在同一平面敷设多根导线时，不能有交叉
导线端头连接要求	导线的端头要根据压线端子的情况绕成合适的羊眼圈或直接头，导线的绝缘层要剖削适度，安装时不能使接线端头裸露超过1mm，更不允许压接螺钉压住导线绝缘层。导线中间不允许有接头

注意：接线端头压接要牢固，导线尽量靠近元器件，以节省导线；与配电板相连的软导线要用软管保护，多股心线裸线头应该捻紧，不得有毛刺。

步骤四 连接电路板与电动机。因为电动机不直接安装在电路板上，而安装在单独的底板上，所以三相电源、电动机与电路板之间的连线应用护套电缆。

步骤五 电路检查。

1) 外观检查：查看电路的连接是否正确，用手摇动各个接头检查有无松动感。

2) 用万用表电阻挡检查熔断器与接触器。表笔接触控制电路两只熔断器 FU2 的"0""1"两端，电阻值应为∞。按下按钮 SB 时，万用表显示电阻值为接触器线圈电阻值。

3) 断开控制电路，用万用表电阻挡检查每相电源线与电动机接线盒中的对应端子，电阻应为∞。手动按下接触器动铁心，模拟接触器通电吸合，此时检查各相电源线与电动机接线盒中的接线端子，电阻值应接近零。

步骤六 通电试验。

1) 检查电动机转动是否灵活：用手捻动转轴，应转动灵活。用兆欧表检查电动机绕组对外壳绝缘电阻，阻值应大于 0.5MΩ。

2) 电动机试运转：在指导教师监护下，接通电源，合上电源开关，按下按钮几秒钟检查电动机运行是否正常，转动是否灵活。

3) 检验点动效果：正常情况下，按下 SB 电动机转动，松开 SB 电动机停转。

步骤七 排除典型故障。教师在学生接线完毕、通电试验成功的电路板上设置3种故障，指导学生每次排除一种故障，分3次排除，并将排除故障效果计入实训成绩。

知识链接 三相异步电动机单向运转点动控制电路结构与工作原理

1. 电路中的电流通路

三相异步电动机单向运转点动控制电路实际上属于电动机全压起动控制电路的一种，其主电路的电流通路如图4.19所示。

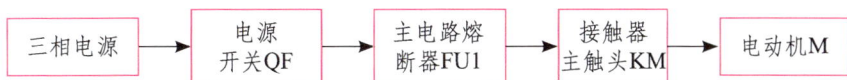

三相电源 → 电源开关QF → 主电路熔断器FU1 → 接触器主触头KM → 电动机M

图4.19 三相异步电动机单向运转点动控制电路主电路的电流通路

三相异步电动机单向运转点动控制电路的电流通路如图4.20所示。

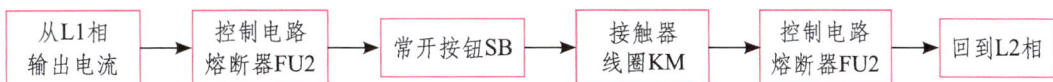

从L1相输出电流 → 控制电路熔断器FU2 → 常开按钮SB → 接触器线圈KM → 控制电路熔断器FU2 → 回到L2相

图4.20 三相异步电动机单向运转点动控制电路的电流通路

2. 电路工作原理

三相异步电动机单向运转点动控制电路工作原理如图4.21所示。

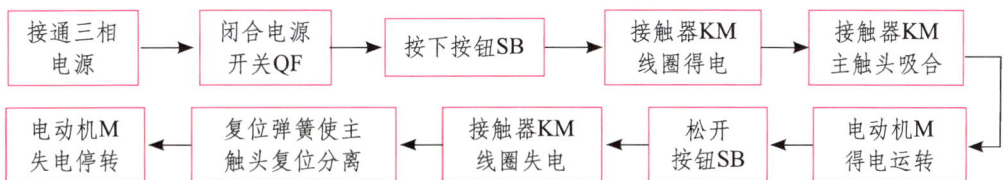

接通三相电源 → 闭合电源开关QF → 按下按钮SB → 接触器KM线圈得电 → 接触器KM主触头吸合

电动机M失电停转 ← 复位弹簧使主触头复位分离 ← 接触器KM线圈失电 ← 松开按钮SB ← 电动机M得电运转

图4.21 三相异步电动机单向运转点动控制电路工作原理

3 连接三相异步电动机连续单向运转控制电路

步骤一 识读控制电路原理图，并检查所配器材及其质量。三相异步电动机单向连续运转控制电路原理图如图 4.22 所示，元器件布置图如图 4.23 所示，参考接线示意图如图 4.24 所示，实际装接图如图 4.25 所示。在识读这些电路图的基础上，按照电路原理图和实际装接图配置器材，注意检查所配器材是否完好，再用仪表检查是否可用，并将器材选用和检测结果记入表 4.3 中。

步骤二 熟悉电路板上的元器件布局，按照电路原理图和实际装接图设计每根导线的长短、走向与成型。

步骤三 在元器件已经安装完成的电路板上，按照表 4.2 的工艺要求连接电路，先连接控制电路，再连接主电路。

步骤四 参照点动控制电路的方法和要求连接电路板与电动机。

步骤五 电路检查。参照点动控制电路的要求进行外观和相关部分电阻检查，不同之处在于检查控制电路时，应该按下 SB1 和人为模拟 KM1 吸合。

点动正转控制线路通电试车

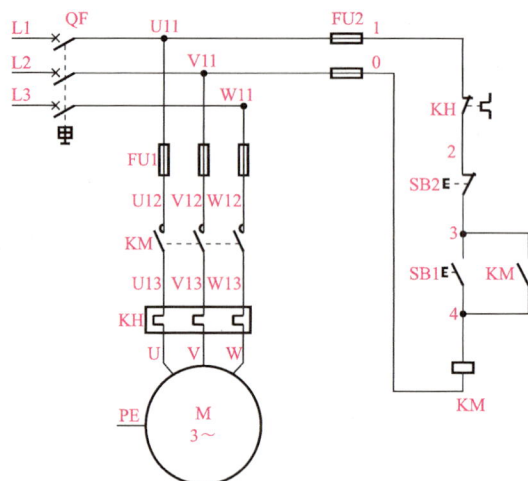

图4.22　三相异步电动机单向连续运转控制电路原理图

图4.23　三相异步电动机单向连续运转控制电路元器件布置图

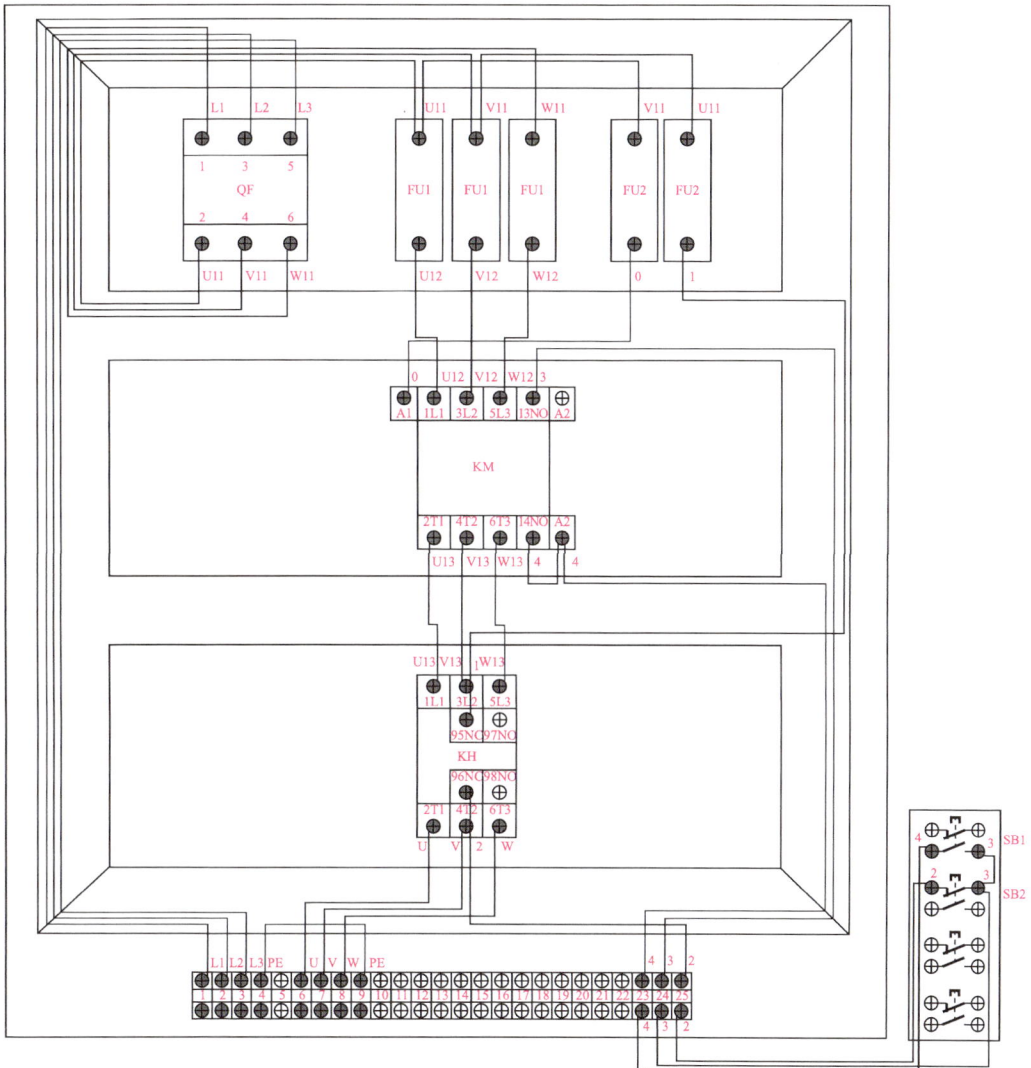

图4.24 三相异步电动机单向连续运转控制电路参考接线示意图

图4.25 三相异步电动机单向连续运转控制电路实际装接图

表 4.3　三相异步电动机连续单向运转控制电路器材明细表

符号	名称	型号与规格	数量	检测结果是否可用
QF	低压断路器	NXB-63 C10 380V	1	
FU1	主电路熔断器	RT28N-32X 配10A熔芯	3	
FU2	控制电路熔断器	RT28N-32X 配2A熔芯	2	
KM	交流接触器	CJX2-12，380V，配F4-22	1	
KH	热继电器	NR4-63，整定范围2.5~4A	1	
SB1、SB2	起动、停止按钮	LA38-4H，组合式四组	1	
XT	接线端子	TD-1525，15A	1	
	主电路用导线	BVR-1.5mm^2	适量	
	控制电路用导线	BVR-1mm^2	适量	
	冷压端子	1~1.5mm^2	适量	
	号码管	白色 1~1.5mm^2	适量	
	电工板（铁质）	500mm×450mm×20mm	1	

步骤六　用兆欧表检查电动机绕组对外壳绝缘电阻。检查合格后，按要求用护套电缆连接电动机和电路板。

步骤七　通电试验。通电前先检查电动机运转情况，再通电试运转。按下SB1，观察电动机的持续运转控制效果。

步骤八　排除典型故障。教师在学生接线完毕、通电试验成功的电路板上设置3种故障，指导学生每次排除一种故障，分3次排除，并将排除故障效果计入成绩。

知识链接　**三相异步电动机连续单向运转控制电路的结构与工作原理**

1. 电路结构特点与电流通路

　　主电路的电流通路与电动机单向运转点动控制电路相同，控制电路的电流通路如图4.26所示。

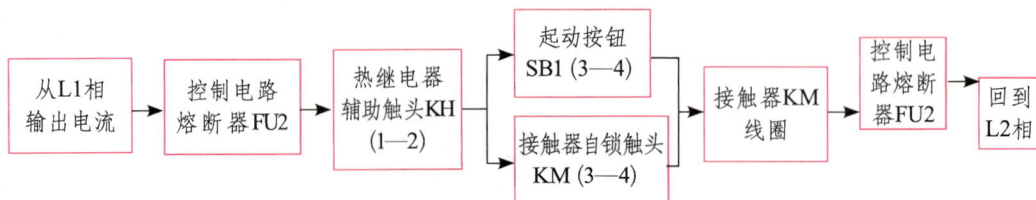

图4.26　三相异步电动机连续运转控制电路的电流通路

应当注意的是：在主电路的连接中，必须保证三相电流正常供电，如果缺少一相，时间稍长就会烧毁电动机。

从控制电路的电流通路可以看出，当电动机起动，松开起动按钮SB1后，由于与之并联的接触器自锁触头KM（3—4）因线圈吸合而自锁，仍然保持了控制电路向接触器线圈供电，保证了电动机的连续运转。这种利用接触器自身辅助触头锁定电路，保持电动机连续运转的功能叫作自锁。

知识窗

电动机的欠压和失压保护作用

交流接触器具有欠压和失压保护功能。欠压是指，电路工作电压严重低于正常值时（85%以下），电动机要拖动负载，其中必然通过大电流，容易烧毁电动机。在这种情况下，电磁线圈得电电压不足，吸引不住衔铁，衔铁释放，使接触器触头系统在复位弹簧作用下复位，自动切断电动机供电电路以保护电动机。如果失去电压，同理可以立即分断电路以保护电动机。

---

2. 电路工作原理

（1）电动机的起动

三相异步电动机单向连续运转控制电路起动原理如图4.27所示。

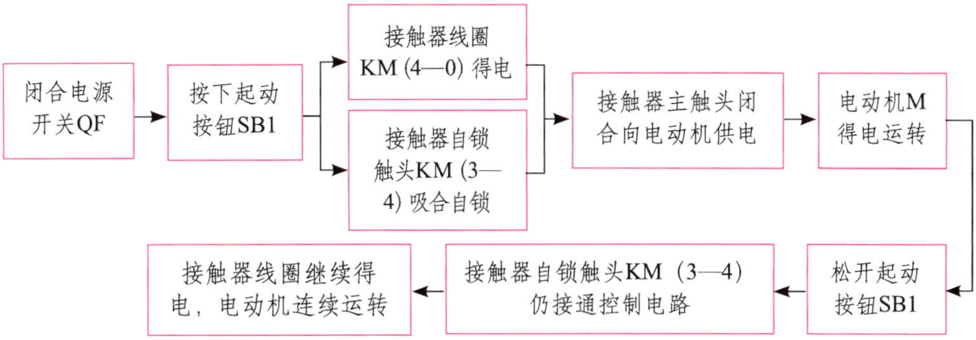

图4.27　三相异步电动机单向连续运转控制电路起动原理

（2）电动机停转

三相异步电动机停转原理如图4.28所示。

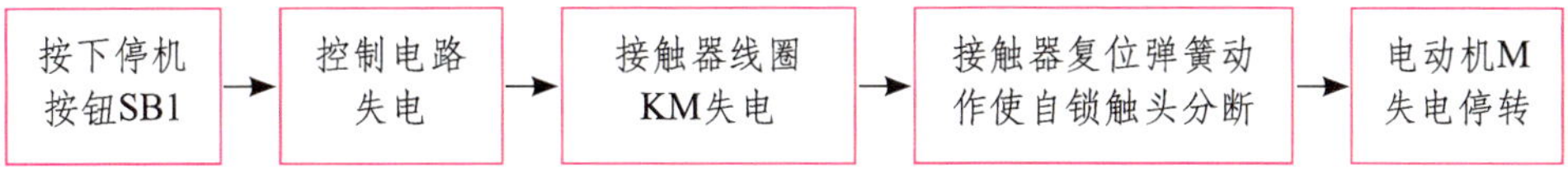

图 4.28　三相异步电动机停转原理

4.1.2　实践操作检测与评价

(1) 统计所用工具

将本任务实践操作所用工具按要求记入表 4.4 中。

表 4.4　三相异步电动机单向连续运转控制电路接线所用工具统计表

工具名称	规格型号	数量	工具名称	规格型号	数量
钢丝钳			一字形旋具		
剥线钳			十字形旋具		
尖嘴钳			其他		

(2) 器材的选用与检测

按要求逐一认识本任务实践操作控制电路所用器材，观察其型号规格、额定电压和电流、使用数量，检测其是否可用，并将选用与检测结果记入表 4.5 中。

表 4.5　三相异步电动机单向连续运转控制电路主要器材记录表

器材名称	电气符号	规格型号	额定电压	额定电流	使用数量	是否可用
交流接触器						
热继电器						
按钮						
低压断路器						
熔断器						
三相异步电动机						

(3) 成绩评定

本任务成绩评定如表 4.6 所示。

表 4.6　三相异步电动机单向运转成绩评定表

检测项目	工艺要求	配分	评分细则	实际得分
工具使用	正确使用工具并记入表4.4中	3	在表中有错、漏各扣1分	
器材识别与检测	正确识别和检测器材并按表4.5记录	6	在表中有错、漏各扣1分	
布线质量	选线正确	4	选线每错一处扣1分	
	走线横平竖直，转弯圆滑成90°且基本一致	8	一处不合格扣1分	
	长线沉底，走线成束	5	一处不合格扣1分	
	外部引出线无交叉	4	一处不合格扣1分	
线头加工与连接	剖削长度适当，连接后裸露部分不超过1mm	7	一处不合格扣1分	
	线头绝缘处理良好	5	一处不合格扣1分	
	压接牢固，无松动感	8	一处不合格扣1分	
通电试验	通电安全，运转正常	10	不正常酌情扣分	
故障排除	按要求排除6种故障	30	一种故障没排除扣5分	
安全、文明操作	爱护工具、器材，无损毁	3	每遗失、损毁一件扣2分	
	服从安排，遵守纪律	4	如有违反，按情节扣1~2分	
	实训结束，认真清理工具、器材与场地	3	如有违反，按情节扣1~3分	
配给总分		100	实得总分	

注：对于表中的扣分项，如果错误严重，则可把配分扣完。

想一想

1. 电动葫芦的控制电路是什么样的？是怎样操作的？

2. 在连接三相异步电动机连续运转控制线路时，如果没有连接接触器自锁触头的其中一根导线，通电操作时会出现什么现象？

3. 串入控制电路中的热继电器辅助触头松脱会产生什么结果？

任务 *4.2* 连接三相异步电动机可逆运转控制电路

任务目标：

1. 熟悉电动机以接触器联锁、以按钮联锁和以接触器与按钮双重联锁的可逆运转控制电路的结构、原理；
2. 熟悉三相异步电动机可逆运转控制电路板上的器材及其布局；
3. 会连接电动机以接触器辅助触头与按钮作双重联锁可逆运转控制电路，并能排除其典型故障。

任务描述：

根据工艺流程与要求正确连接三相异步电动机可逆运转控制电路。

连接电路的流程：熟悉电路原理图→分析工作过程与原理→熟悉电路板的元器件布局→绘制接线图→照图接线→检测线路→通电测试→验收→设置故障→排除故障→还原正确电路。

三相异步电动机可逆运转控制电路在生产中的应用十分广泛，凡是由电动机所拖动的工作机械需做往复运动的场合，都需要电动机能实现正转和反转，所以作为从事电类专业操作的人员，若要在电气操作与维修中得心应手，则必须学好这部分知识，掌握其操作维修技能。

4.2.1 实践操作：三相异步电动机以接触器与按钮双重联锁的可逆运转控制电路的连接

步骤一 按照电路原理图和装接图配置器材。注意检查所配器材是否完好，再用仪表检测是否可用，并将器材选用和检测结果记入表 4.7 中。

表 4.7 以接触器与按钮双重联锁的可逆运转控制电路器材明细表

符号	名称	型号与规格	数量	检测结果是否可用
QF	低压断路器	NXB-63 C10 380V	1	
FU1	主电路熔断器	RT28N-32X 配10A熔芯	3	
FU2	控制电路熔断器	RT28N-32X 配2A熔芯	2	
KM1、KM2	交流接触器	CJX2-12，380V，配F4-22	2	
KH	热继电器	NR4-63，整定范围2.5～4A	1	
SB1、SB2、SB3	正转起动、反转起动、停止按钮	LA38-4H，组合式四组	1	
XT	接线端子	TD-1525，15A	1	
	主电路用导线	BVR-1.5mm^2	适量	
	控制电路用导线	BVR-1mm^2	适量	
	冷压端子	1～1.5mm^2	适量	
	号码管	白色 1～1.5mm^2	适量	
	电工板（铁质）	500mm×450mm×20mm	1	

步骤二 识读控制电路原理图，熟悉电路板上的元器件布局，按照实际装接图设计每根导线的长短、走向与成型。

三相异步电动机以接触器联锁的可逆运转控制电路原理图如图 4.29 (a) 所示，以按钮联锁的可逆运转控制电路原理图如图 4.29 (b) 所示。以接触器与按钮双重联锁的可逆运转控制电路原理图如图 4.30 所示，元器件布置图如图 4.31 所示，接线示意图如图 4.32 所示和实际装接图如图 4.33 所示。

电动机单向连续控制电路工作原理

接触器联锁正反转控制线路通电前检测

接触器联锁正反转控制线路通电试车

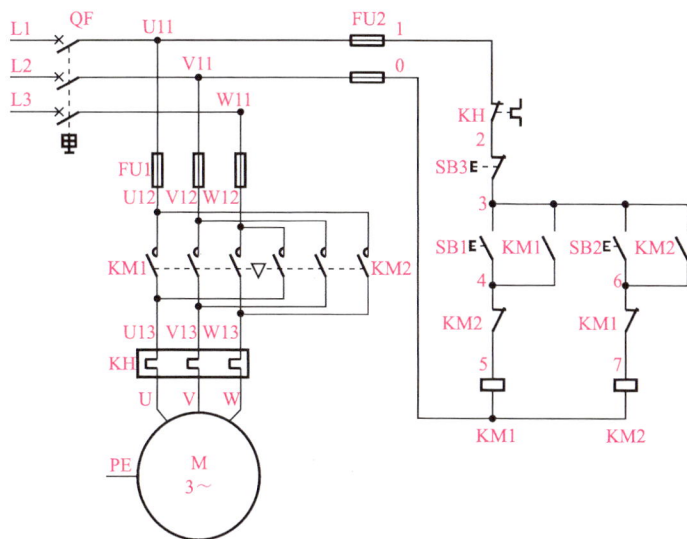

(a) 以接触器联锁

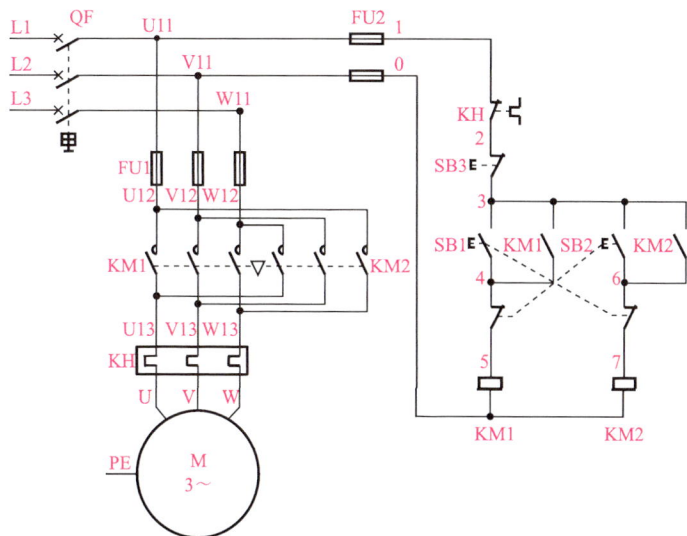

(b) 以按钮联锁

图4.29 三相异步电动机以接触器联锁和以按钮联锁的可逆运转控制电路原理图

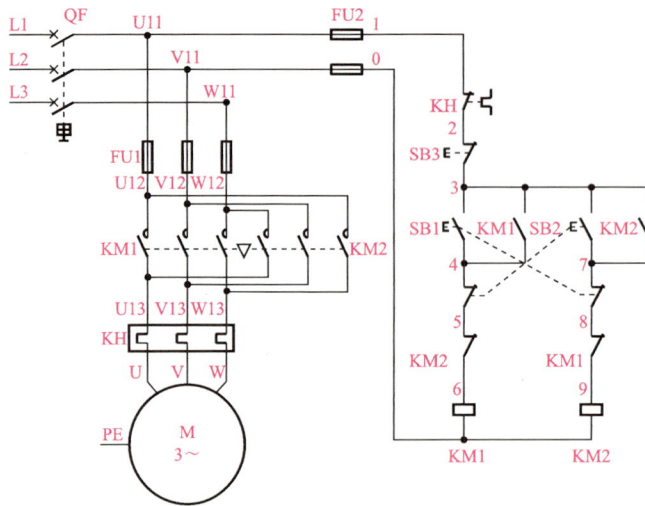

图4.30 三相异步电动机以接触器与按钮双重联锁的可逆运转控制电路原理图

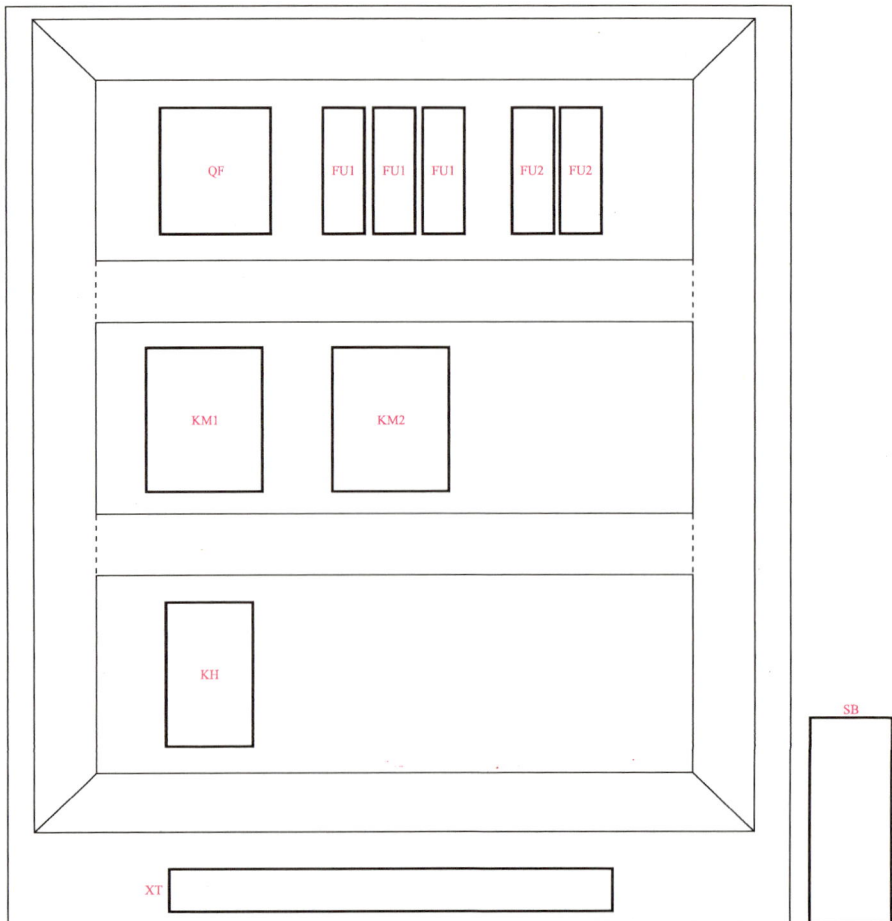

图4.31 三相异步电动机以接触器与按钮双重联锁的可逆运转控制电路元器件布置图

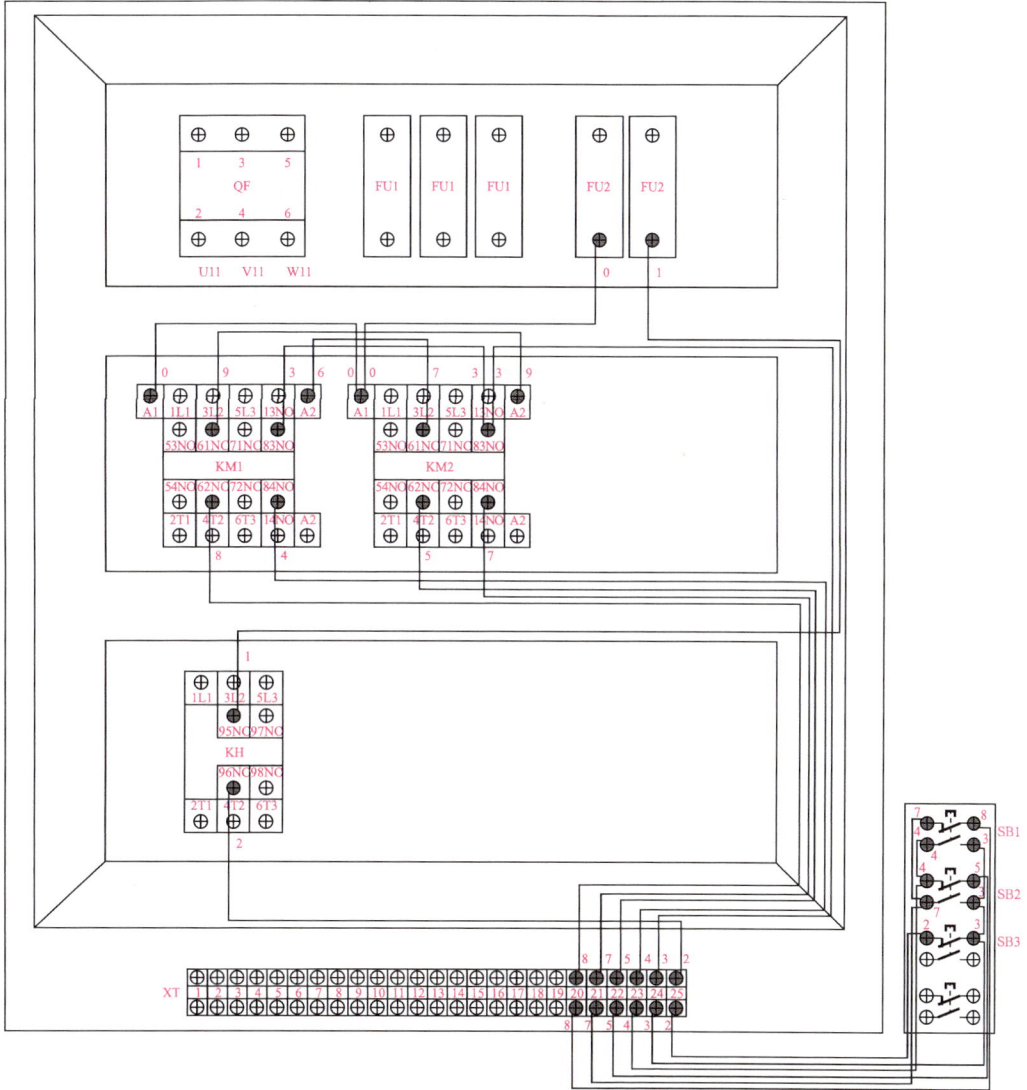

(a) 控制电路参考接线示意图

图4.32 三相异步电动机以接触器与按钮双重联锁的可逆运转控制电路接线示意图

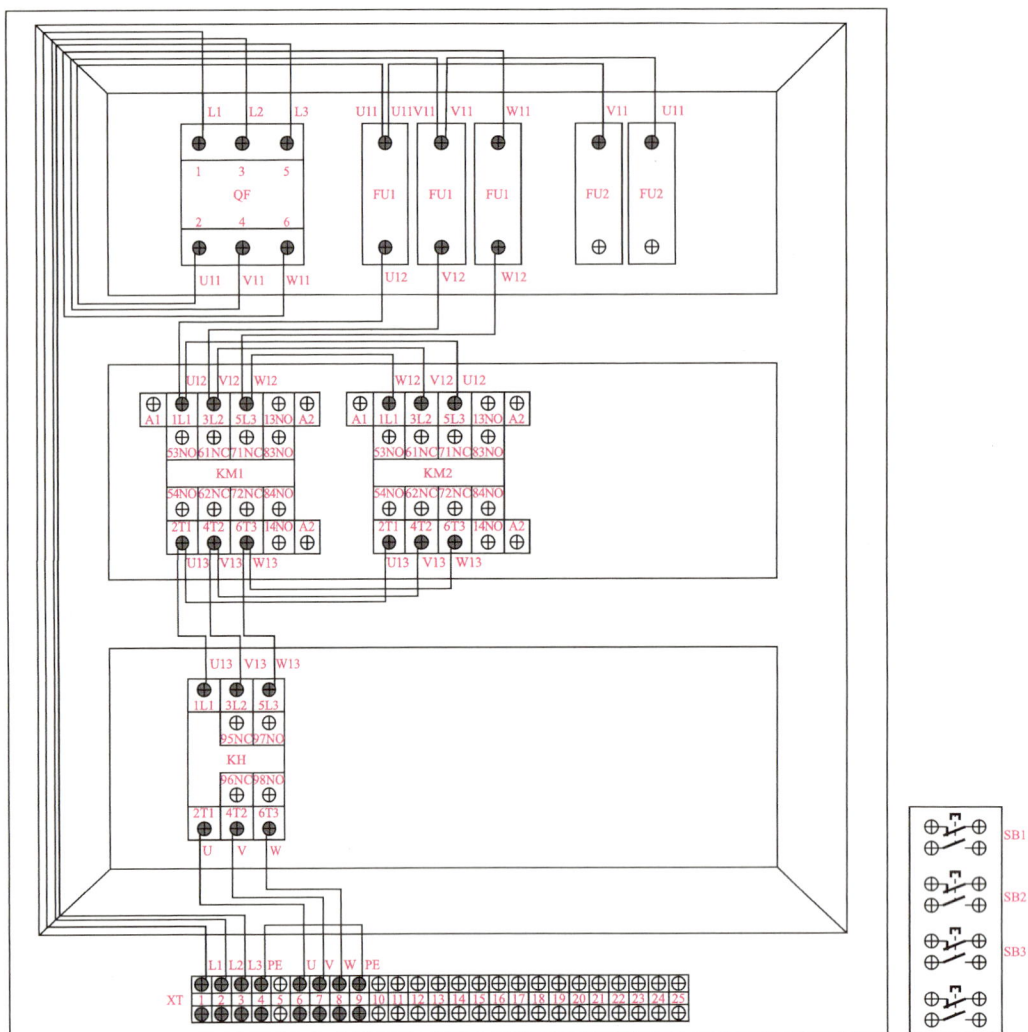

(b) 主电路参考接线示意图

图4.32（续）

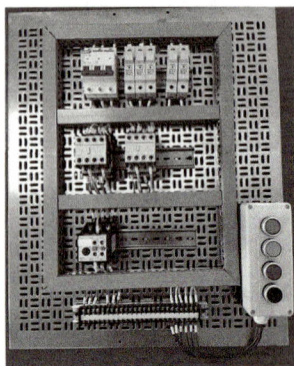

图4.33　三相异步电动机以接触器与按钮双重联锁的可逆运转控制电路实际装接图

步骤三 在元器件已经安装完成的电路板上，按照表4.2的工艺要求连接电路，先连接控制电路，再连接主电路。

步骤四 如果将连接联锁辅助触头的接线换成连接到SB1和SB2的常闭按钮上，规定SB1（7—8）的常闭按钮串入反转控制电路，SB2（4—5）的常闭按钮串入正转控制电路，则该电路就成为以按钮联锁的电动机可逆控制电路，如图4.29（b）所示（该项内容可作技能拓展练习）。

步骤五 在图4.29（b）的基础上，如果将反转接触器常闭联锁触头KM2(5—6)串入正转控制电路中与按钮SB2（4—5）形成串联关系，同理在反转控制电路中将正转按钮的常闭触头SB1（7—8）和正转接触器的联锁触头KM1(8—9)串联，该电路即成为以辅助触头与按钮双重联锁的电动机可逆控制电路，电路的其他部分不变，其电路如图4.30所示（该项内容可作技能拓展练习）。

步骤六 电路连接完毕，参照点动控制电路进行外观检查，用万用表对控制电路和主电路的相关部位进行直流电阻检查，应确保完全正确无误。

步骤七 用兆欧表检查电动机绕组对外壳绝缘电阻。用护套电缆按照要求连接电动机与电路板。

步骤八 通电试验。在全面检查无误的前提下，接通电源，先进行正转试验，在运转正常后停机，再进行正反转试验，观察电动机的可逆运转控制效果。

步骤九 典型故障的排除。教师在学生接线完毕，通电试验成功的电路板上设置3种故障，指导学生每次排除一种故障，分3次排除，并将排除故障效果计入成绩。

4.2.2 相关知识：三相异步电动机可逆运转的工作原理

1 三相异步电动机可逆运转的原理

三相异步电动机的转向由供电电源的相序决定，假定正转时电动机绕组U、V、W分别连接电源L1、L2，L3，如果将三相电源任意两相互换，则电动机发生反转。这里所探讨的正反转控制电路的功能，就在于通过控制电路的作用，变换电动机主电路供电电源相序，使电动机实现正反转。

电动机可逆运转控制电路工作原理

2 电路结构特点

主电路中采用两个交流接触器控制电动机的供电，在电路连接上，两个接触器所接电源相序不同，以便实现一个接触器控制电动机正转，另一个接触器控制电动机反转。

在控制电路中，为了维持电动机连续运转，利用正转接触器和反转接触器的常开辅助触头KM1(3—4)和KM2(3—7)分别连接自锁电路。电路中的两个按钮均系型号、规格相同的复合按钮，只是颜色不同以区别正反转。复合按钮有一对常闭触头和一对常开触头，常开触头用于起动和自锁电路，常闭触头用于电路的联锁。

为了保证电动机按工作要求有序地实现正转和反转，在正转控制电路中串入了反转接触器的常闭触头 KM2（5—6），在反转控制电路中串入了正转接触器的常闭触头 KM1（8—9），当按下 SB1（3—4）时，正转控制电路通电，电动机得电正转，此时正转接触器的联锁常闭触头 KM1（8—9）串联在反转控制电路中，处于分断状态，这时即使再按 SB2，电路也不会动作，从而避免了相间短路的发生。同理将反转常闭按钮、反转接触器常闭联锁触头串入正转控制电路中，具有完全相同的效果，技术上把这种连接称为联锁。

3 以接触器与按钮双重联锁的电动机可逆控制电路工作原理

为了分析问题的方便，在以后的分析中把大家熟知的接通电源、闭合电源开关的叙述省去，直接从按动起动按钮开始。

(1) 正转（图 4.34）

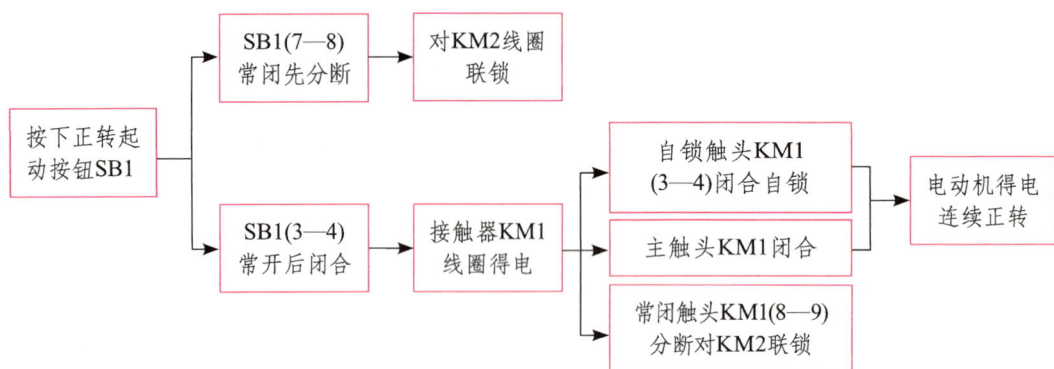

图4.34 三相异步电动机正转工作原理

(2) 反转（图 4.35）

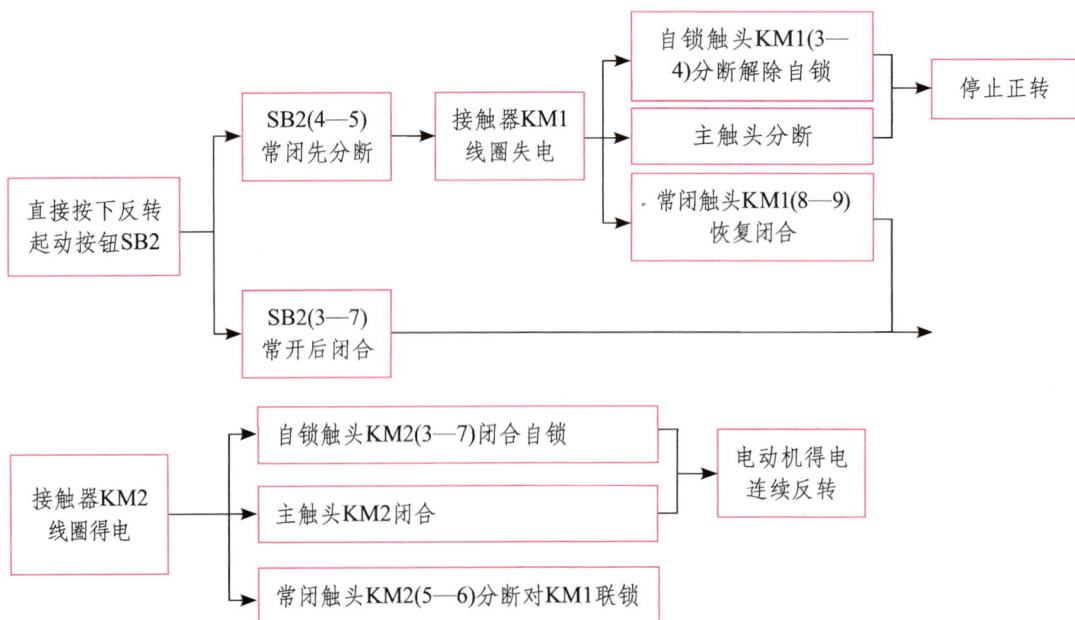

图4.35 三相异步电动机反转工作原理

（3）再次正转

再次按下正转起动按钮即可实现电动机再次正转，工作原理可自行分析。

注意：在接触器与按钮双重联锁可逆控制电路中，正转与反转可直接进行切换，但须注意切换的频率不宜过高。

（4）停止

任何时刻按下停止按钮 SB3、接触器 KM1（或 KM2）线圈失电，都可使所有触头复位，电动机停止正转（或反转）。

可以参照上述规律，自行归纳出以按钮联锁的电动机可逆运转控制电路和以接触器与按钮双重联锁的电动机可逆运转控制电路的工作原理。应当注意的是，这两种控制电路在从正转切换到反转的过程中，不需要经过停机，可以直接按反转按钮实现反转。这是因为，在以按钮联锁的电路中，要使电动机从正转切换到反转，在按下反转按钮 SB2 时，起联锁作用的常闭触头首先分断，也就分断了正转控制电路，电动机失电依靠惯性减速转动；随后按钮的常开触头闭合，接通反转控制电路，实现电动机的反转。

注意：以接触器联锁的电路从正转切换到反转或从反转切换到正转，必须经过停机。

4.2.3 实践操作检测与评价

本任务实践操作完毕，根据表 4.8 所示项目和评分细则进行成绩评定。

表 4.8 电动机可逆运转实训成绩评定表

检测项目	工艺要求	配分	评分细则	实际得分
布线质量	选线正确	4	选线每错一处扣1分	
	走线横平竖直，转弯圆滑成90°且基本一致	8	一处不合格扣1分	
	长线沉底，走线成束	7	一处不合格扣1分	
	外部引出线无交叉	7	一处不合格扣1分	
线头加工与连接	线头剖削长度适当，连接后裸露部分不超过1mm	10	一处不合格扣1分	
	线头绝缘处理良好	6	一处不合格扣1分	
	压接牢固，无松动感	8	一处不合格扣1分	
通电试验	通电安全，运转正常	10	不正常酌情扣分	
故障排除	按要求排除三种故障	30	一种故障没有排除扣10分	
安全、文明操作	爱护工具器材，无损毁	3	每遗失、损毁一件扣2分	
	服从安排，遵守纪律	4	如有违反，按情节扣1~6分	
	实训结束，认真清理工具、器材与场地	3	如有违反，按情节扣1~3分	
配给总分		100	实得总分	

注：对于表中的扣分项，如果错误严重，则可把配分扣完。

想一想

1. 卷扬机是怎样起、降重物的？卷扬机电气箱内部的器材布局及电路结构是怎样的？

2. 在电动机可逆运转电路中，联锁线路未接会发生什么情况？

3. 在电动机可逆运转电路中，如果一只接触器线圈开路，会出现怎样的情景？

任务 *4.3* 连接生产机械行程控制电路

任务目标：

1. 了解主令电器中行程开关的结构和原理，会使用行程开关；

2. 熟悉电动机拖动生产机械作可逆运转并实现往复行程控制电路的结构和原理；

3. 熟悉电动机拖动生产机械作可逆运转并实现往复行程控制电路板上的元器件及其布局；

4. 会连接电动机拖动生产机械作可逆运转并实现往复行程控制电路，并排除其典型故障。

任务描述：

根据工艺流程与要求正确连接生产机械行程控制电路。

连接电路的流程：熟悉电路原理图→分析电动机行程控制电路的工作过程与原理→熟悉电路板上的元器件布局→绘制接线图→照图接线→检测线路→通电测试→验收→设置故障→排除故障→还原正确电路。

刨床和铣床在工作时，其上的工件或刀具做的是往复不停的直线运动，观察其传递机构可以发现，它的动力来源于电动机正反转动作。可以这样理解，刀具前行由电动机正向运转拖动，刀具后退由电动机反向运转拖动。但是为什么刀具走到一定行程后会自动停止并往回走呢？通过学习本任务所要连接的生产机械行程控制电路可解此疑问。

4.3.1　实践操作：行程控制电路的连接

1　熟悉行程开关

行程开关又称限位开关。常用行程开关有多种，根据受碰触的部位和传动方式的不同，可分为滚轮式（旋转式）和直动式两种，如图 4.36 所示。行程开关在电路图中的符号用 SQ 表示，如图 4.37 所示。

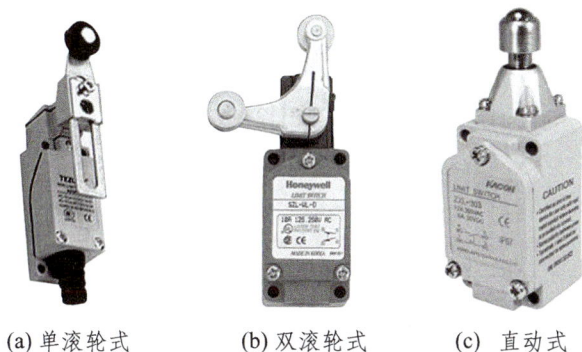

(a) 单滚轮式　　　(b) 双滚轮式　　　(c) 直动式

图4.36　常用行程开关外形

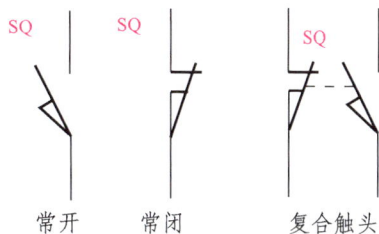

常开　　　常闭　　　复合触头

图4.37　行程开关的电气符号

　　行程开关属于低压电器中的主令电器系列，其作用与按钮类似，都是向继电器或接触器发出电信号指令，实现对电动机及生产机械的控制。不同的是，按钮用手动操作，行程开关则是利用它的滚轮与生产机械某些运动部件的传动部位发生碰触，使其内部触头动作，分断或切换电路，从而限制生产机械的行程、位置或改变其运动状态，令其停车、反转或变速等。

　　行程开关的结构原理图如图 4.38 所示。从图 4.38（a）可以看出，当生产机械碰触行程开关的滚轮时，会使传动杠杆与滚轮一起转动，转轴上的凸轮推动推杆使微动开关动作，接通常开触头，分断常闭触头，从而控制生产机械停车、反转或变速。对于单滚轮式自动复位行程开关，只要生产机械撞块离开滚轮后，复位弹簧就自动将已经动作的部分恢复到原位置，为下一次动作做准备。对于双滚轮式行程开关，在生产机械碰触第一只滚轮时，内部微动开关已经动作，并发出电信号指令，生产机械与第一只滚轮脱离接触后，微动开关不能自动恢复，只有等到第二只滚轮与生产机械碰触后才能复位。如图 4.38（b）所示，对于直动式行程开关，它就像复合按钮，受碰触时，常闭触头首先分断，然后常开触头闭合，由此发出电信号指令，完成对生产机械的行程控制。

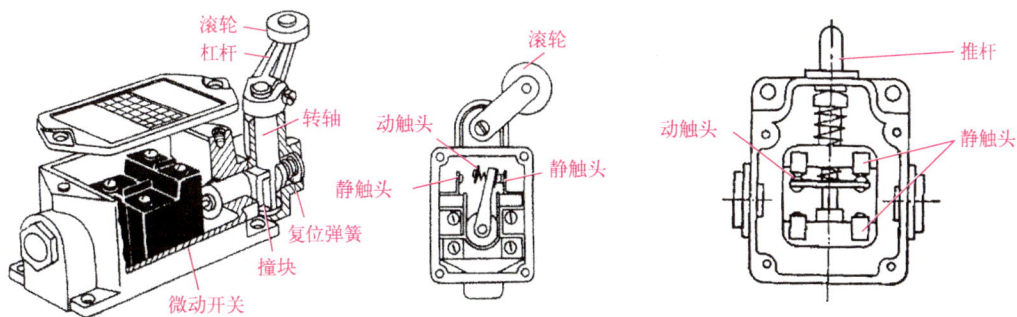

(a) 滚轮式行程开关结构原理图　　　　　(b) 直动式行程开关原理图

图4.38　行程开关的结构原理图

2 连接生产机械行程控制电路

步骤一 按照电路原理图和装接图配置器材，注意检查所配器材是否完好，再用仪表检测是否可用，并将器材选用和检测结果记入表4.9中。

表 4.9　生产机械行程控制电路器材明细表

符号	名称	型号与规格	数量	检测结果是否可用
QF	低压断路器	NXB-63 C10 380V	1	
FU1	主电路熔断器	RT28N-32X 配10A熔芯	3	
FU2	控制电路熔断器	RT28N-32X 配2A熔芯	2	
KM1、KM2	交流接触器	CJX2-12，380V，配F4-22	2	
KH	热继电器	NR4-63，整定范围2.5～4A	1	
SB1、SB2、SB3	正转起动、反转起动、停止按钮	LA38-4H，组合式四组	1	
SQ1、SQ2	限位行程开关	YBLX-ME/8104 一开一闭	2	
SQ3、SQ4	终端行程开关	YBLX-ME/8104 一开一闭	2	
XT	接线端子	TD-1525，15A	1	
	主电路用导线	BVR-1.5mm^2	适量	
	控制电路用导线	BVR-1mm^2	适量	
	冷压端子	1～1.5mm^2	适量	
	号码管	白色 1～1.5mm^2	适量	
	电工板（铁质）	500mm×450mm×20mm	1	

步骤二 生产机械行程控制电路原理图如图4.39所示、元器件布置图如图4.40所示、接线示意图如图4.41所示和实际装接图如图4.42所示。熟悉电路图及电路板上的元器件及其布局，按照原理图和实体图设计每根导线的长短、走向与成型。

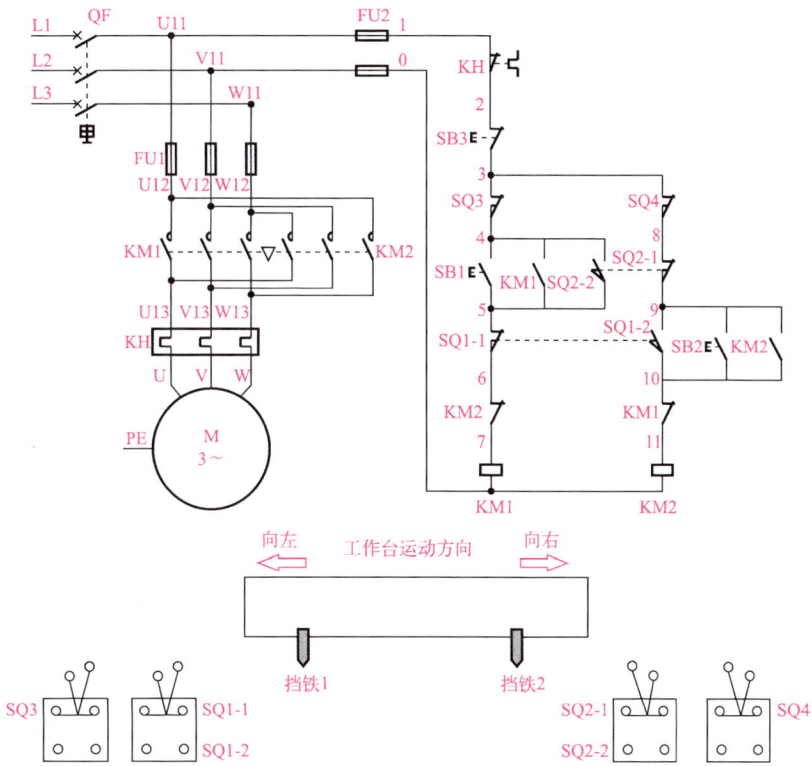

图4.39 生产机械行程控制电路原理图

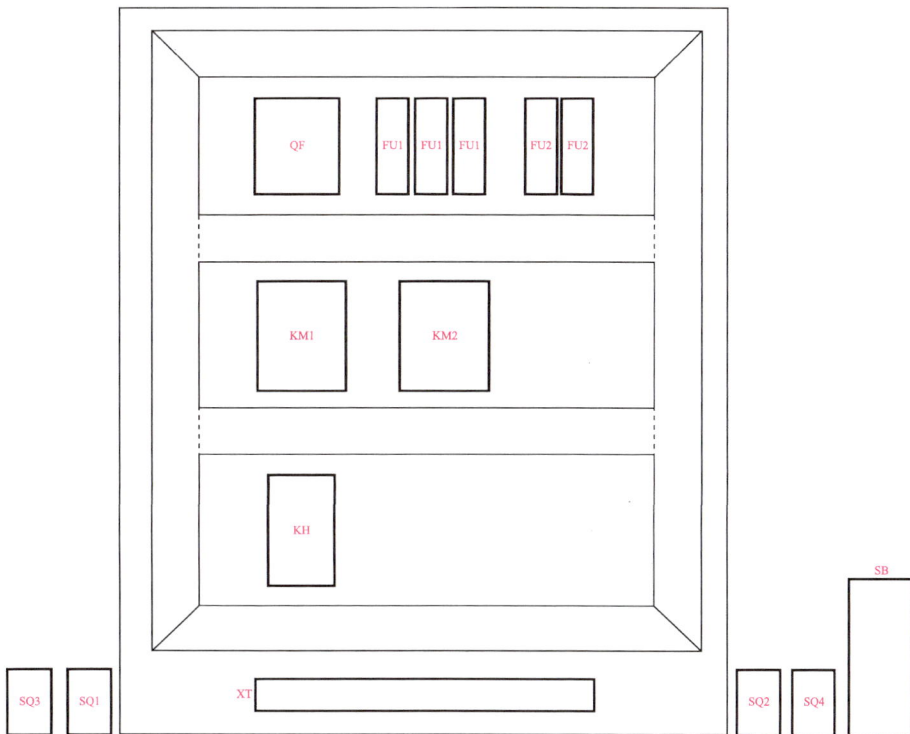

图4.40 生产机械行程控制电路元器件布置图

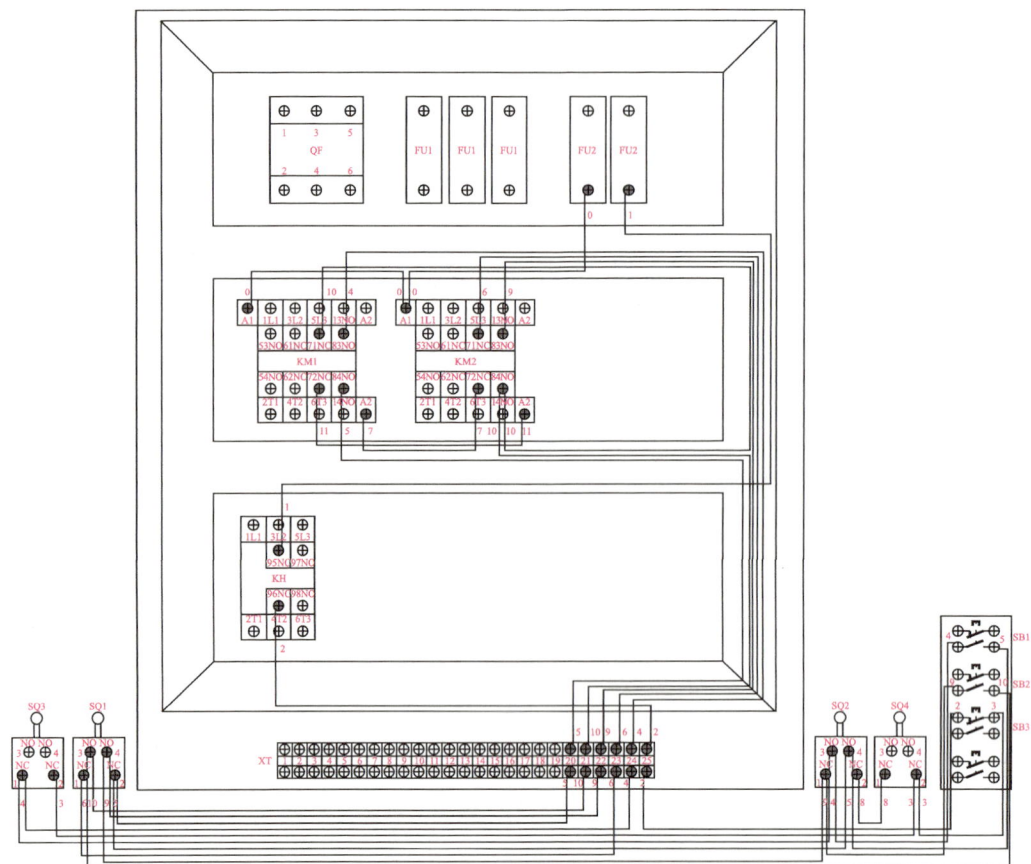

图4.41　生产机械行程控制电路接线示意图

说明：图 4.41 是生产机械行程控制电路接线示意图，它的主电路接线示意图可以参照任务 4.2 中的图 4.32（b）。

图4.42　生产机械行程控制电路实际装接图

步骤三 在元器件已经安装完成的电路板上，按照表 4.2 的工艺要求连接电路，原则上先连接控制电路，再连接主电路。

步骤四 电路中的 4 个行程开关可分成两组，每组作用不同。SQ1、SQ2 是限制生产机械前、后端行程终点的限位开关，即生产机械行驶到该位置，必须停车再反向行驶。SQ3、SQ4 是 SQ1、SQ2 的保护开关，分别安装在 SQ1、SQ2 的外侧。一旦 SQ1 或 SQ2 失灵，SQ3 或 SQ4 即可取代 SQ1 或 SQ2 发挥功能，继续限制生产机械行程，防止它超越行程而造成事故。

步骤五 电路连接完毕，参照接触器与按钮双重联锁可逆控制电路的检查思路仔细认真检查，确保正确无误。

步骤六 用护套电缆按要求连接电动机与电路板，并用兆欧表检测电动机绕组对外壳绝缘电阻。

步骤七 通电试验。在接线无误的前提下，接通电源，观察电动机的可逆运转控制行程的效果。因为实训室一般使用图 4.42 所示的模拟电路板，所以行程开关一般安装在电路板的右侧边缘部位。通电后，用手动碰触行程开关滚轮使其动作，观察电动机停机、反转等效果，验证电路安装是否正确。

步骤八 典型故障排除。教师在学生接线完毕，通电试验成功的电路板上设置 3 种故障，指导学生每次排除一种故障，分 3 次排除，并将排除故障效果计入实训成绩。

4.3.2 相关知识：生产机械行程控制电路结构与工作原理

1 电路结构特点

从原理上分析生产机械行程控制电路，其本质上还是一个电动机正反转控制电路，它除了开机和停机采用按钮，电路正、反转及生产机械行程控制的整个工作过程都依靠行程开关指令，限制生产机械行程，防止它超越行程而造成事故。生产机械的行程可以通过调整两组行程开关的距离进行调整。

2 电路工作原理

生产机械行程控制电路的工作原理示意图如图 4.43 所示。

```
┌──────────┐     ┌──────────┐     ┌──────────┐     ┌──────────┐
│ 按下起动  │────▶│ 正转接触器线圈│────▶│电动机得电正│────▶│ 工作台碰触行程│
│ 按钮SB1  │     │KM1 (7—0)得电│     │转,工作台左行│     │ 开关SQ1  │
└──────────┘     └──────────┘     └──────────┘     └──────────┘
                                                           │
┌──────────┐     ┌──────────┐     ┌──────────┐            ▼
│ 电动机    │◀────│KM1 (7—0) │◀────│SQ1—1 (5—6)│
│ 停止正转  │     │线圈失电   │     │常闭触头分断│
└──────────┘     └──────────┘     └──────────┘
                                        │
┌──────┐  ┌──────────┐  ┌──────────┐  ┌──────────┐  ┌──────────┐
│工作台 │◀─│电动机得电反转│◀─│反转接触器线圈│◀─│接通电动机│◀─│SQ1—2 (9—10)│
│碰触SQ2│  │工作台右行  │  │KM2(11—0)得电│  │反转控制电路│  │闭合,KM1│
└──────┘  └──────────┘  └──────────┘  └──────────┘  │(10—11) 闭合│
    │                                                  └──────────┘
    │
    ▼
┌──────────┐     ┌──────────┐
│SQ2—1 (8—9)分│────▶│电动机停止 │
│断,KM2线圈失电│     │反转       │
└──────────┘     └──────────┘
┌──────────┐  ┌──────────┐  ┌──────────┐  ┌──────────┐  ┌──────────┐
│SQ2—2 (4—│─▶│电动机得电│─▶│假如SQ1失│─▶│SQ3 (3—4)│─▶│按下停机按钮,│
│5)闭合,KM1│  │正转,工作 │  │灵,工作  │  │分断,电动机│  │控制电路分断,│
│(6—7)闭合 │  │台再次左行│  │台碰触SQ3│  │停止正转  │  │电动机停机  │
└──────────┘  └──────────┘  └──────────┘  └──────────┘  └──────────┘
```

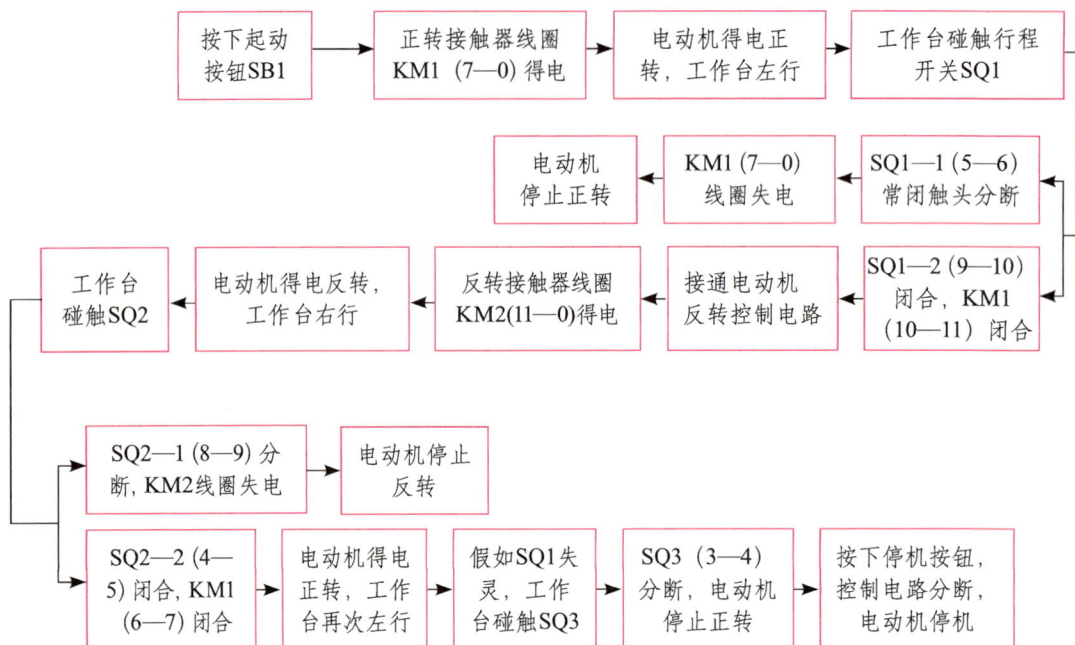

图4.43 生产机械行程控制电路的工作原理示意图

4.3.3 实践操作检测与评价

在实践操作完毕后,根据表 4.10 所示的项目和评分细则及实际操作情况,在表中记下本次实践操作的训练成绩。

表4.10 连接生产机械行程控制电路成绩评定表

检测项目	工艺要求	配分	评分细则	实际得分
布线质量	选线正确	6	选线每错一处扣1分	
	走线横平竖直,转弯圆滑成90°且基本一致	8	一处不合格扣1分	
	长线沉底,走线成束	6	一处不合格扣1分	
	外部引出线无交叉	6	一处不合格扣1分	
线头加工与连接	剖削长度适当,连接后裸露部分不超过1mm	10	一处不合格扣1分	
	线头绝缘处理良好	6	一处不合格扣1分	
	压接牢固,无松动感	8	一处不合格扣1分	
通电试验	通电安全,运转正常	10	不正常酌情扣分	

续表

检测项目	工艺要求	配分	评分细则	实际得分
故障排除	按要求排除三种故障	30	一种故障没完成扣10分	
安全、文明操作	爱护工具、器材，无损毁	3	每遗失、损毁一件扣2分	
	服从安排，遵守纪律	4	如有违反，按情节扣1~2分	
	实训结束，认真清理工具、器材与场地	3	如有违反，按情节扣1~2分	
配给总分		100	实得总分	

注：对于表中的扣分项，如果错误严重，则可把配分扣完。

想一想

1. 你在哪些场所见过控制工作台或其他机械做往复运动的实例？
2. 卷扬机是怎样控制起吊重物的高低程度的？
3. 在工作台左、右行程控制中，为什么每一个终端均要安装两个行程开关？

任务 *4.4* 连接电动机反接制动控制电路

任务目标：

1. 了解速度继电器的结构原理及其应用，会使用速度继电器；
2. 熟悉电动机反接制动控制电路的结构及原理；
3. 熟悉电动机反接制动控制电路板上的元器件及其布局；
4. 会连接电动机反接制动控制电路，并排除其典型故障。

任务描述：

根据工艺流程与要求正确连接电动机反接制动控制电路。

连接电路的流程：熟悉电路原理图→分析电动机反接制动控制电路工作过程与原理→熟悉电路板上的元器件及其布局→绘制接线图→照图接线→检测线路→通电测试→验收→设置故障→排除故障→还原正确电路。

在电动机的运转中，如果关闭电源，电动机是不是会立即停转？实际上不会，因为关闭电源后，电动机将会在惯性作用下持续转动一段时间。但有些场合关闭电源后需要立即停机，如任务 4.3 中的工作台往复运动的限位电路就需要在电动机电源分断后立即停机，再起动反转，实现关闭电源，这种迫使电动机立即或迅速停机的措施称为制动。

4.4.1 实践操作：反接制动控制电路的连接

1 熟悉速度继电器

速度继电器又称反接制动继电器，其作用是控制电动机实现反接制动，即使电动机在关闭电源后能迅速停机。常用的速度继电器有 JY1 和 JFZ0 等系列，图 4.44 就是 JY1 系列速度继电器的外形和内部结构。下面分析速度继电器的结构和工作原理。

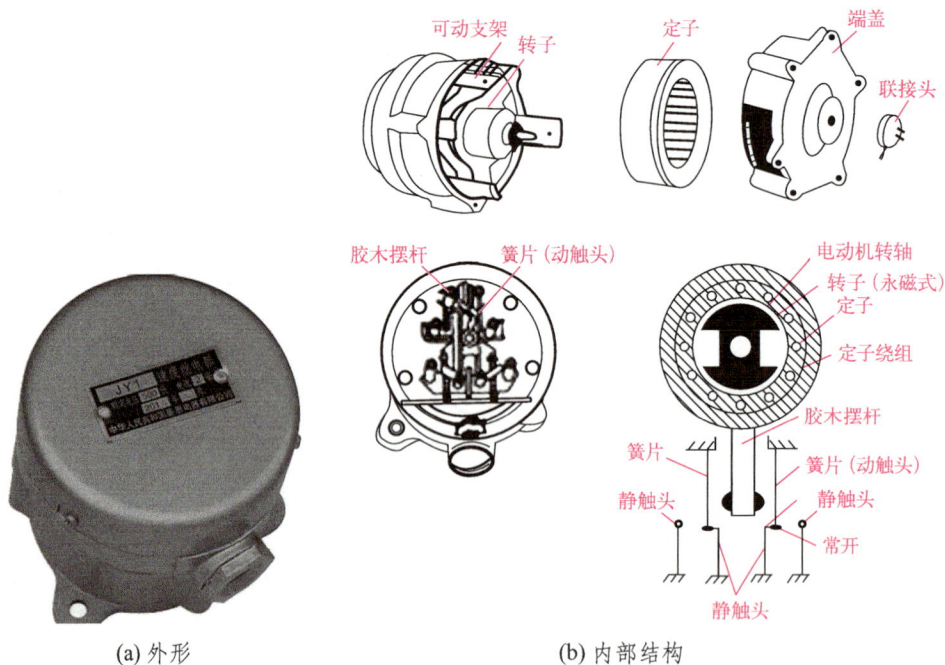

(a) 外形   (b) 内部结构

图4.44 JY1系列速度继电器

从图 4.44（b）中可以看出，速度继电器内部主要由永磁式转子、硅钢片叠成绕有笼型绕组的定子、可动支架、胶木摆杆和触头系统组成，其转子与被控制电动机转轴相连接。当电动机分断电源后需要制动时，电动机将带动速度继电器转子旋转，该转子的旋转磁场将在定子绕组中感应出电动势和电流，用左手定则可以判断，此时定子将受到与转子转向相同的电磁力作用而沿着与转子转向相同的方向转动，定子上的摆杆亦同步转动，摆杆将推动带有簧片的触头系统，分断常闭触头、闭合常开触头，分断电动机正转电路，接通反转电路，使电动机产生反转力矩而迅速停转，完成反接制动。图 4.44 中的静触头与挡块作用类似，控制摆杆在一个不大的角度范围内偏转。

速度继电器对电动机转速的控制范围是 300～3000r/min，当被控电动机转速低于 100r/min 时，继电器转子将停转复位，分断制动电路，恰当完成制动，同时避免电动机发生反转。

2 连接电动机反接制动控制电路

步骤一　按照电路原理图和装接图配置器材，注意检查所配器材是否完好，再用仪表检测是否可用，并将器材选用和检测结果记入表 4.11 中。

表 4.11 电动机反接制动控制电路器材明细表

符号	名称	型号与规格	数量	检测结果是否可用
QF	低压断路器	NXB-63 C10 380V	1	
FU1	主电路熔断器	RT28N-32X 配10A熔芯	3	
FU2	控制电路熔断器	RT28N-32X 配2A熔芯	2	
KM1、KM2	交流接触器	CJX2-12，380V，配F4-22	2	
KH	热继电器	NR4-63，整定范围2.5～4A	1	
SB1、SB2	起动、制动按钮	LA38-4H，组合式四组	1	
KS	速度继电器	离心开关代替YBLX-ME/8104	1	
R	制动电阻	100Ω碳膜电阻	3	
XT	接线端子	TD-1525，15A	1	
	主电路用导线	BVR-1.5mm^2	适量	
	控制电路用导线	BVR-1mm^2	适量	
	冷压端子	1～1.5mm^2	适量	
	号码管	白色 1～1.5mm^2	适量	
	电工板（铁质）	500mm×450mm×20mm	1	

说明：因为速度继电器需要与电动机同轴相连运行，在实训室中很难操作，所以可以用 SQ 行程开关模拟速度继电器的动作。当电动机运行且转速大于120r/min 时，SQ 模拟吸合，表示速度继电器动作；停车时，当转速小于120r/min 时，SQ 模拟断开，表示速度继电器断开复位。

步骤二 熟悉电路图及电路板上的元器件布局，按照原理图和实体图设计每根导线的长短、走向与成型。电动机反接制动控制电路原理图如图 4.45 所示、元器件布置图如图 4.46 所示、接线示意图如图 4.47 所示和实际装接图如图 4.48 所示。

步骤三 在元器件已经安装完成的电路板上，按照表 4.2 的工艺要求连接电路，原则上先连接控制电路，再连接主电路。

步骤四 电路连接完毕，参照点动控制电路的检查思路，仔细认真检查，确保正确无误。

步骤五 用护套电缆按要求连接电动机与电路板，并用兆欧表检测电动机绕组对外壳绝缘电阻。

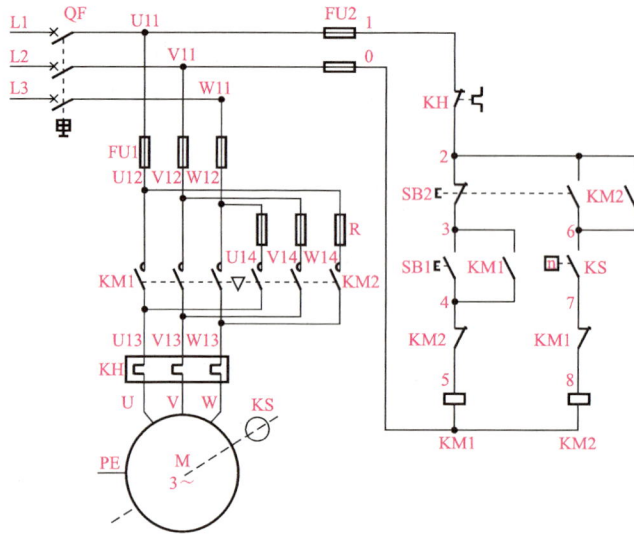

图4.45 电动机反接制动控制电路原理图

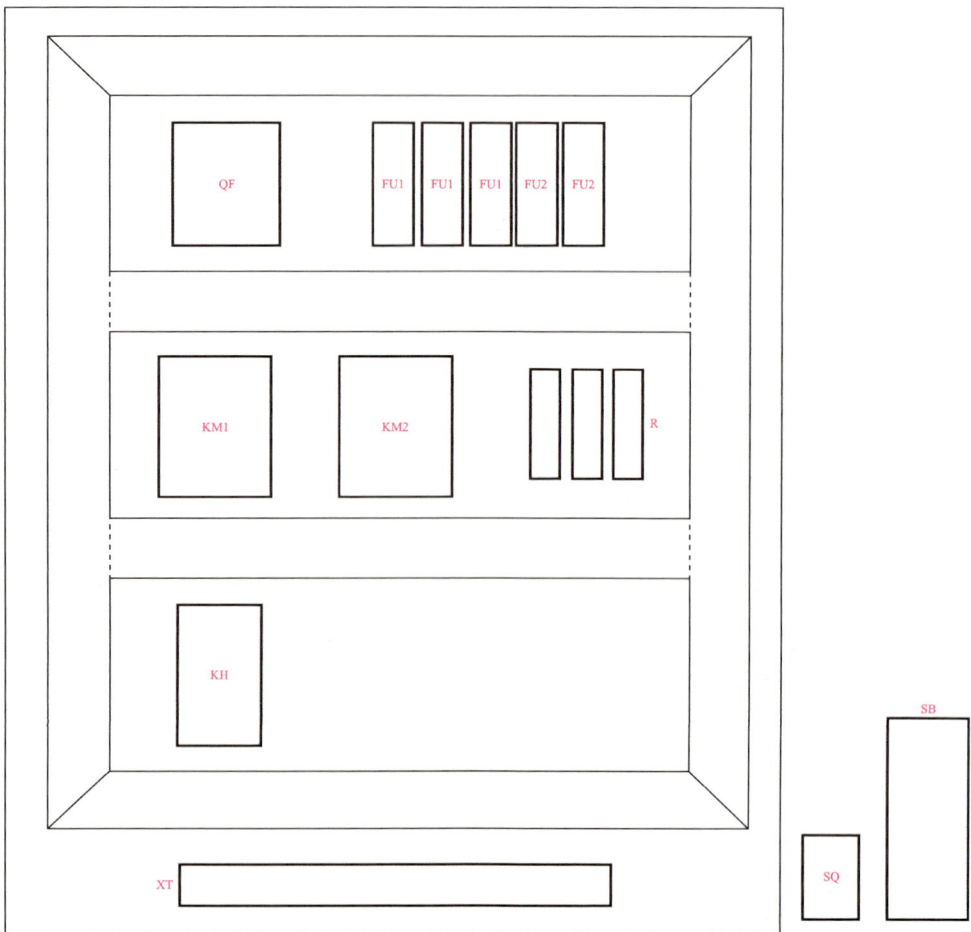

图4.46 电动机反接制动控制电路元器件布置图

（a）控制电路接线图（参考）

图4.47　电动机反接制动控制电路接线示意图

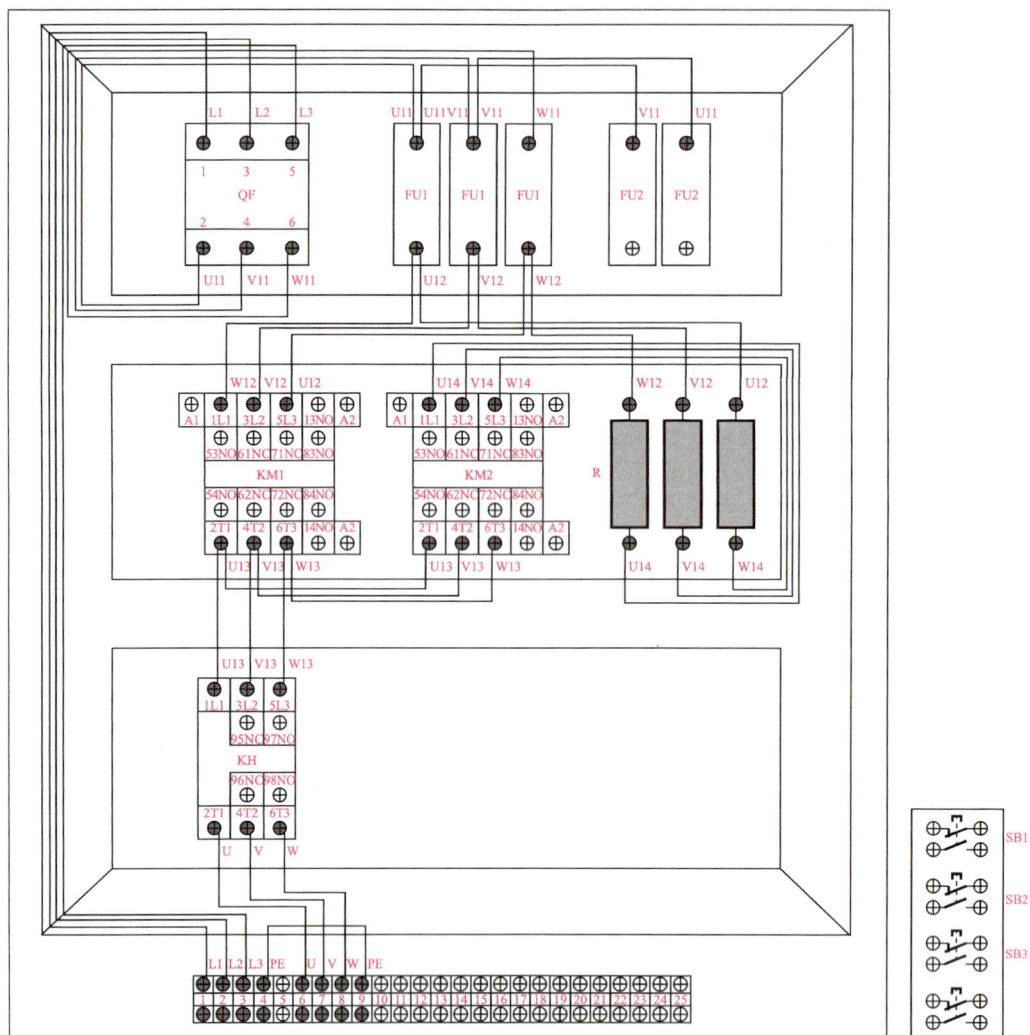

(b) 主电路接线图（参考）

图4.47（续）

图4.48 电动机反接制动控制电路实际装接图

点动正转控制线
路通电前检测

步骤六 通电试验。在接线无误的前提下，接通电源，观察电动机的制动效果。

步骤七 排除故障。教师在学生接线完毕，通电试验成功的电路板上设置 3 种故障，指导学生每次排除一种故障，分 3 次排除，并将排除效果计入实训成绩。

4.4.2 相关知识：电动机反接制动控制电路的结构和原理

1 反接制动的原理

所谓反接制动，就是在关闭电动机正转电源后，立即改变其中两相电源相序，并接通反转电源，产生一个与正转方向相反的力矩（又称制动力矩），迅速降低在惯性作用下旋转的正转转速，实现电动机迅速停机的举措。反接制动力矩的产生原理如图 4.49 所示。图 4.49 中的 QS 是双掷三相开关，在电动机起动正转时，开关的动触头与上面的 3 个静触头接触，电源供电相序为 L1—U、L2—V、L3—W；当开关拉离上方时，就分断了正转电源，在与下方静触头接触后，电源供电相序变为 L1—V、L2—U、L3—W。由于电动机电源供电相序 U、V 交换，电动机旋转磁场将产生一个反向电磁力矩，使电动机在脱离电源在惯性作用下运转时，由于受到反向力矩的作用而迅速停机。

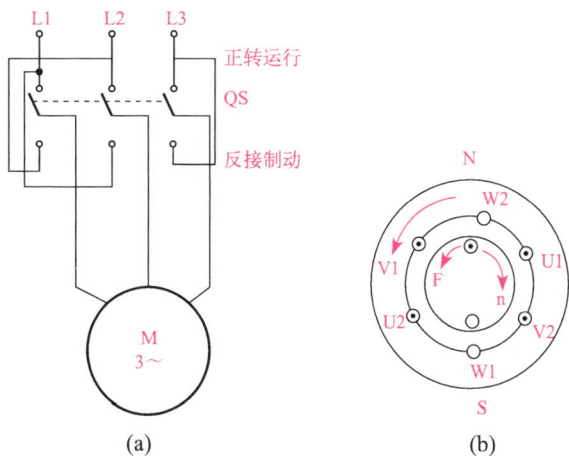

图4.49 利用改变电源相序实现反接制动原理图

2 电动机反接制动控制电路的结构与工作原理

由于反接制动时反转电流将是电动机额定电流的 10 倍左右，所以在反向运转的主电路中串联了限流电阻，以限制电动机在反接制动中的强大电流，从而保护电动机绕组不被烧毁。

在图 4.49 中，控制电路有正转控制电路和反转控制电路两条支路，正转控制电路控制接触器 KM1，驱动电动机正转工作；反转控制电路控制接触器 KM2 完成电源的相序转换，实现反接制动。

该控制电路的工作原理如下。

(1) 电动机起动

电动机起动的控制原理如图 4.50 所示。

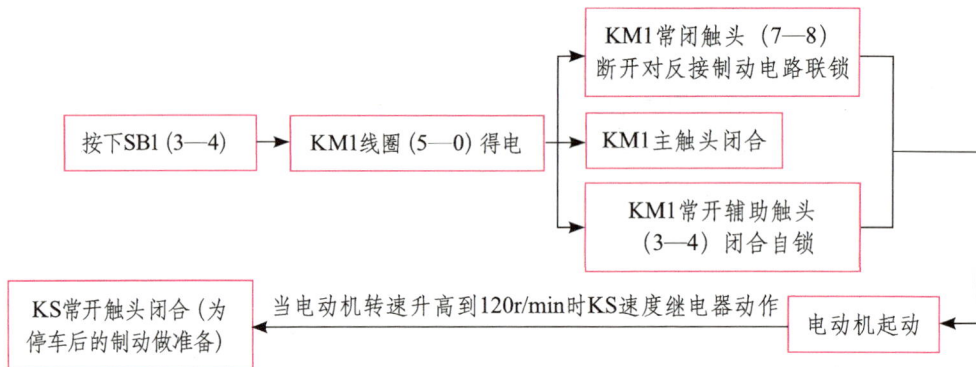

图4.50　电动机起动的控制原理

(2) 电动机制动

电动机制动的控制原理如图 4.51 所示。

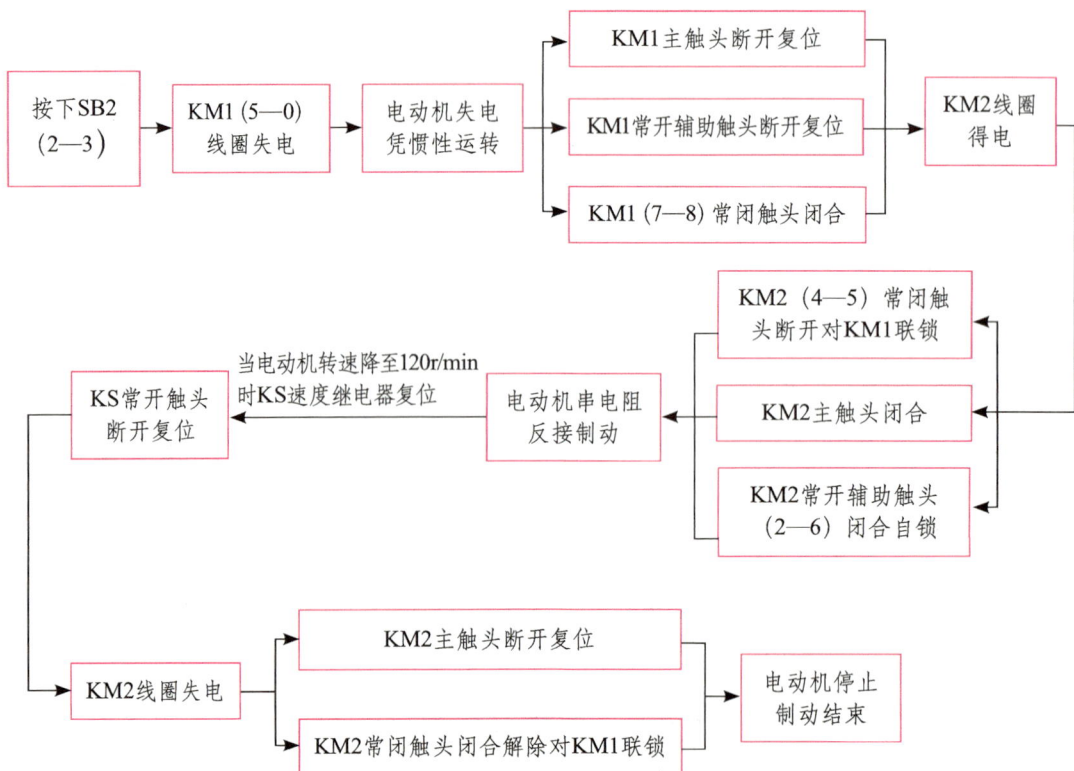

图4.51　电动机制动的控制原理

4.4.3 实践操作检测与评价

本任务实践操作完毕，根据表 4.12 所示的项目和评分细则及实际操作情况，在表 4.12 中记下本次实践操作的成绩。

表 4.12　连接电动机反接制动控制电路成绩评定表

检测项目	工艺要求	配分	评分细则	实际得分
布线质量	选线正确	4	选线每错一处扣1分	
	走线横平竖直，转弯圆滑成90°且基本一致	8	一处不合格扣1分	
	长线沉底，走线成束	8	一处不合格扣1分	
	外部引出线无交叉	6	一处不合格扣1分	
线头加工与连接	剖削长度适当，连接后裸露部分不超过1mm	10	一处不合格扣1分	
	线头绝缘处理良好	6	一处不合格扣1分	
	压接牢固，无松动感	8	一处不合格扣1分	
通电试验	通电安全，运转正常	10	不正常酌情扣分	
故障排除	按要求排除三种故障	30	一种故障没有排除扣10分	
安全、文明操作	爱护工具器材，无损毁	3	每遗失、损毁一件扣2分	
	服从安排，遵守纪律	4	如有违反，按情节扣1~2分	
	实训结束，认真清理工具、器材与场地	3	如有违反，按情节扣1~2分	
配给总分		100	实得总分	

注：对于表中的扣分项，如果错误严重，则可把配分扣完。

想一想

1. 在生产中怎样使起重机的吊钩准确定位？

2. 反接制动电路中为什么要用限流电阻？

3. 在反接制动中，可否只在电源的两相中串联电阻达到制动效果？所串联电阻阻值为多少？

任务 4.5 连接三相双速异步电动机调速控制电路

任务目标：

1. 了解三相双速异步电动机的绕组结构与变极调速原理及其应用；
2. 熟悉三相双速异步电动机调速控制电路的结构及原理；
3. 熟悉三相双速异步电动机调速控制电路板上的元器件及其布局；
4. 会连接三相双速异步电动机调速控制电路，并排除其典型故障。

任务描述：

根据工艺流程与要求正确连接三相双速异步电动机调速控制电路。

连接电路的流程：熟悉电路原理图→分析三相双速异步电动机调速控制电路工作过程与原理→熟悉电路板上的元器件及其布局→绘制接线图→照图接线→检测线路→通电测试→验收→设置故障→排除故障→还原正确电路。

调速的方法很多，在本任务中，我们将学习运用改变磁极对数 p 来实现电动机调速的基本控制电路。

通风机在建筑物内的应用非常普遍，一般通风机的高速用于排烟，低速用于通风，要求电动机能够以两种速度运行，此时怎样对三相异步电动机进行调速控制呢？本任务所要研究的三相异步电动机调速控制属于异步电动机变极调速，是通过改变定子绕组的连接方法来改变定子旋转磁场磁极对数，从而改变电动机转速的。这种调速是有极调速，且只适用于笼型异步电动机。

4.5.1 实践操作：电动机调速控制电路的连接

1 熟悉三相双速异步电动机的绕组结构

三相异步电动机的转速公式为

$$n = n_0(1-s) = 60f/p \times (1-s)$$

根据该公式，改变异步电动机的转速可通过 3 种方法来实现。

一是改变电源频率 f；

二是改变转差率 s；

三是改变磁极对数 p。

本任务介绍改变磁极对数 p 来实现电动机调速的基本控制电路。

三相双速电动机定子绕组接线图如图 4.52 所示。

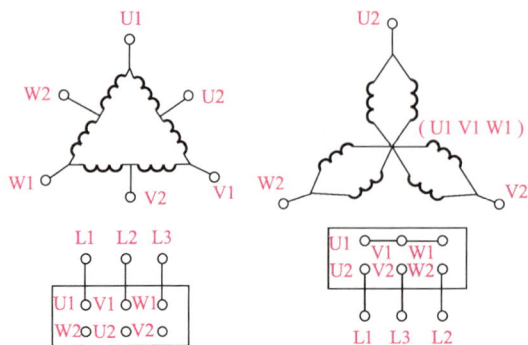

(a) 低速-△接法（四极）   (b) 高速-丫丫接法（两极）

图4.52 三相双速电动机定子绕组△/丫丫接法

电动机三相绕组接成△，3 个连接点接出 3 个出线端 U1、V1、W1，每相绕组的中点各接出一个出线端（分别为 U2、V2、W2），共 6 个出线端。改变 6 个出线端与电源的连接方法，就可以得到两种不同的转速。

要使电动机低速工作，只需要三相电源接至电动机绕组△连接顶点的出线端 U1、V1、W1，其余 3 个出线端 U2、V2、W2 空着不接，此时电动机定子绕组接成△，磁极为四极，同步转速为 1500r/min。

若要电动机高速工作，需要把电动机绕组 3 个出线端 U1、V1、W1 连接在一起，电源接到 U2、V2、W2 三个出线端，这时电动机绕组接成丫－丫，磁极为两极，同步转速为 3000r/min。可见，该双速电动机高速为低速的两倍。

2 连接三相双速异步电动机调速控制电路

步骤一 按照电路原理图和装接图配置器材，注意检查所配器材是否完好，再用仪表检测是否可用，并将器材选用和检测结果记入表 4.13 中。

表 4.13 电动机调速控制电路器材明细表

符号	名称	型号与规格	数量	检测结果是否可用
QF	低压断路器	NXB-63 C10 380V	1	
FU1	主电路熔断器	RT28N-32X 配10A熔芯	3	
FU2	控制电路熔断器	RT28N-32X 配2A熔芯	2	
KM1、KM2、KM3	交流接触器	CJX2-12，380V，配F4-22	3	
KH	热继电器	NR4-63，整定范围2.5～4A	2	
SB1、SB2、SB3	低速起动、高速起动、停止按钮	LA38-4H，组合式四组	1	
KA	中间继电器	JZC1-44	1	
KT	时间继电器	JSZ3A-B 1～10s	1	
XT	接线端子	TD-1525，15A	1	
	主电路用导线	BVR-1.5mm²	适量	
	控制电路用导线	BVR-1mm²	适量	
	冷压端子	1～1.5mm²	适量	
	号码管	白色 1～1.5mm²	适量	
	电工板（铁质）	500mm×450mm×20mm	1	

步骤二 熟悉电路图及电路板上的元器件及其布局，按照原理图和实体图设计每根导线的长短、走向与成型。三相双速异步电动机调速控制电路原理图如图 4.53 所示、元器件布置图如图 4.54 所示、接线示意图如图 4.55 所示和实际装接图如图 4.56 所示。

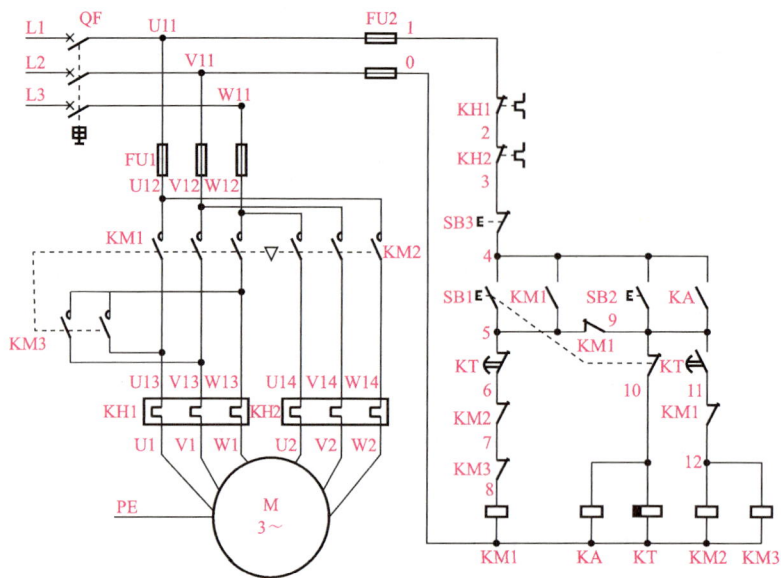

图4.53 三相双速异步电动机调速控制电路原理图

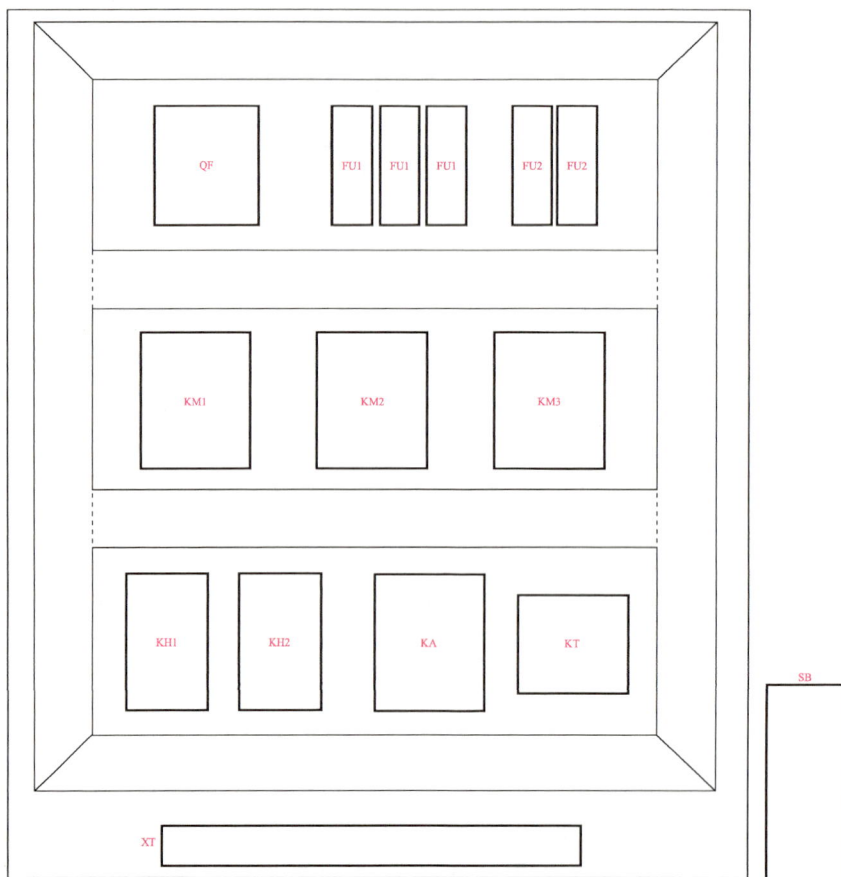

图4.54 三相双速异步电动机调速控制电路元器件布置图

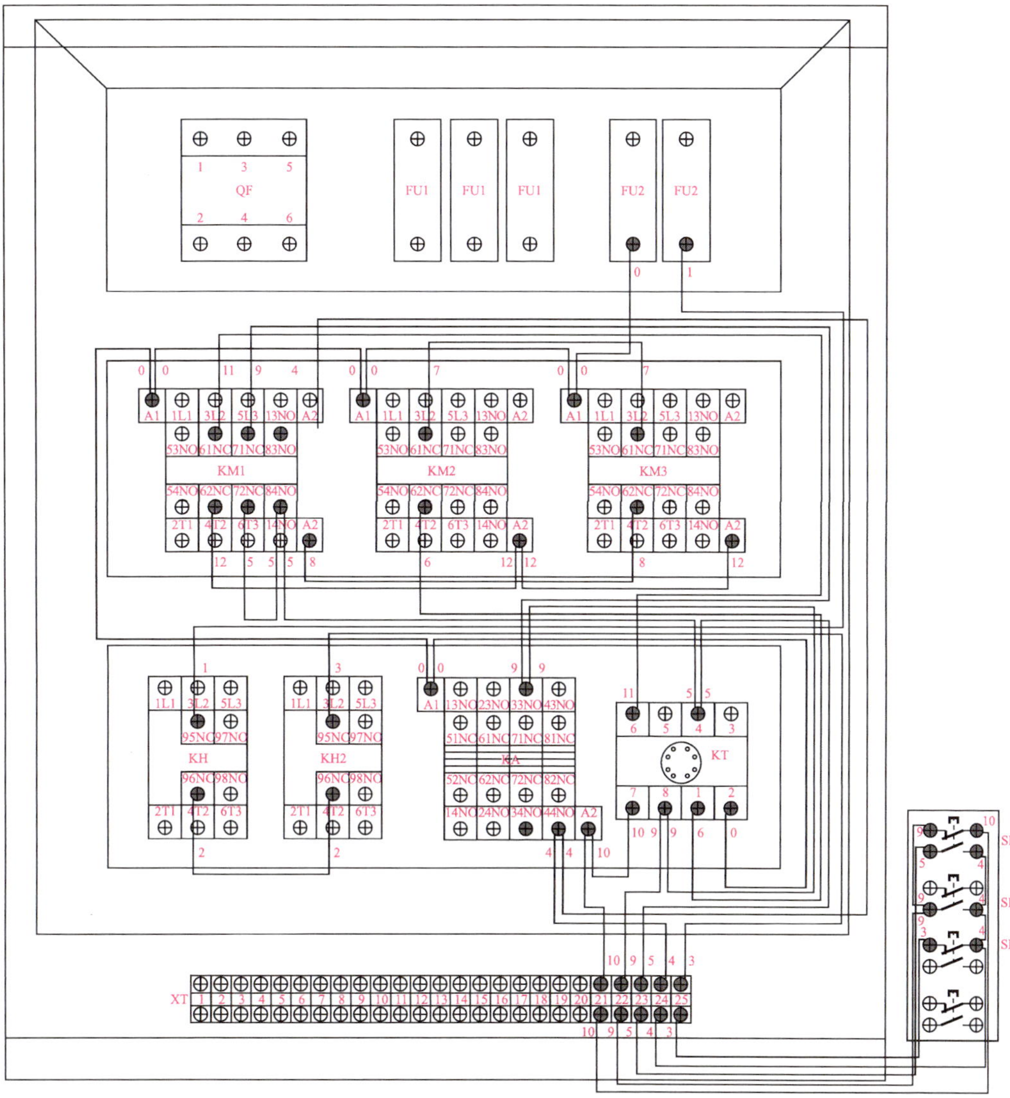

(a) 控制电路参考接线图

图4.55 三相双速异步电动机调速控制电路接线示意图

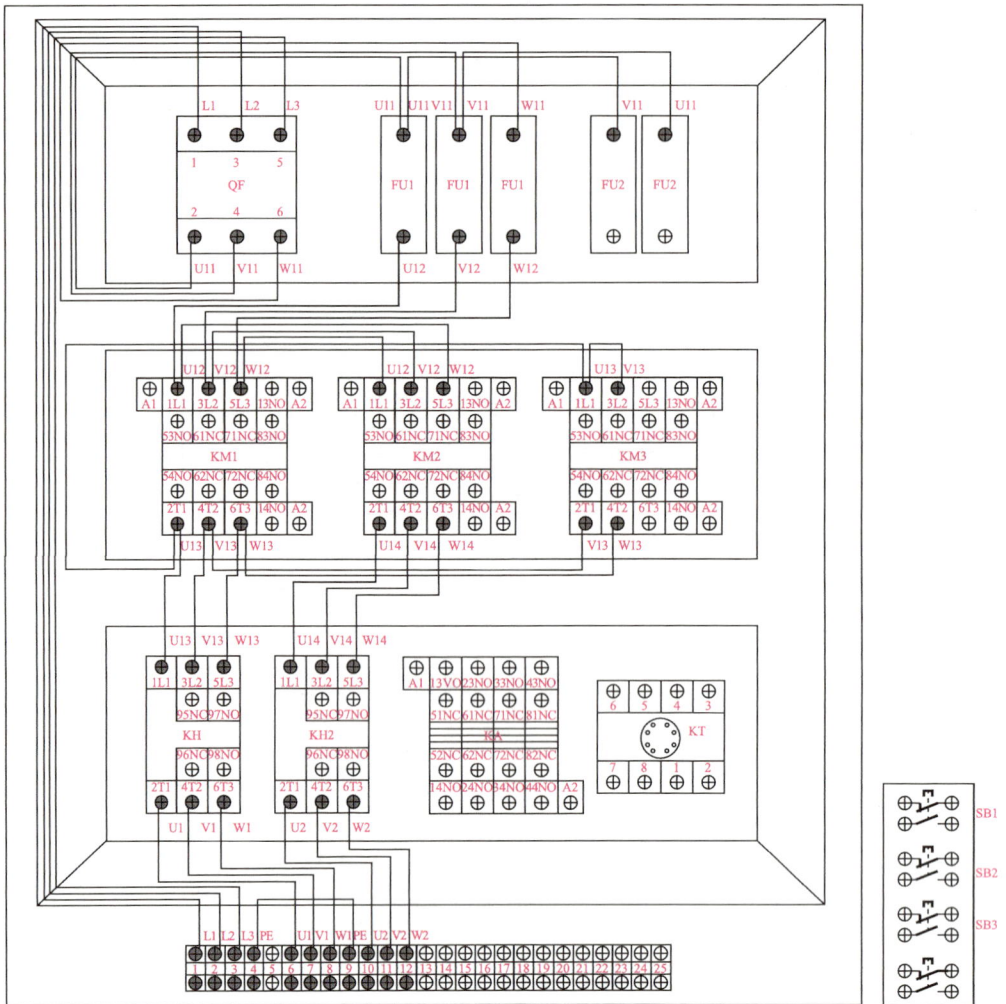

(b) 主电路参考接线图

图4.55（续）

图4.56 三相双速异步电动机调速控制电路实际装接图

步骤三 在元器件已经安装完成的电路板上，按照表 4.2 的工艺要求连接电路，原则上先连接控制电路，再连接主电路。

步骤四 电路连接完毕，参照点动控制电路的检查思路，仔细认真检查，确保正确无误。

步骤五 用护套电缆按要求连接电动机与电路板，并用兆欧表检测电动机绕组对外壳绝缘电阻。

步骤六 通电试验。在接线无误的前提下，接通电源，观察三相双速异步电动机调速控制的效果。

步骤七 排除典型故障。教师在学生接线完毕，通电试验成功的电路板上设置 3 种故障，分 3 次排除，并将排除效果计入实践操作成绩。

4.5.2 相关知识：三相双速异步电动机调速控制电路的结构与工作原理

1 调速原理

电动机同步转速计算公式为

$$n = 60f/p$$

式中，n——电动机同步转速；
f——电源频率；
p——磁极对数。

由上式可知，异步电动机的同步转速与磁极对数成反比，磁极对数增加一倍，同步转速 n 下降至原转速的 1/2，电动机额定转速 n 也将下降近似 1/2，所以改变磁极对数可以达到改变电动机转速的目的。这种调速方法是有级的，不能平滑调速，而且只适用于笼型电动机的变极调速。

2 三相双速异步电动机调速控制电路的工作原理

(1) △低速起动运转
△低速起动运转工作原理如图 4.57 所示。

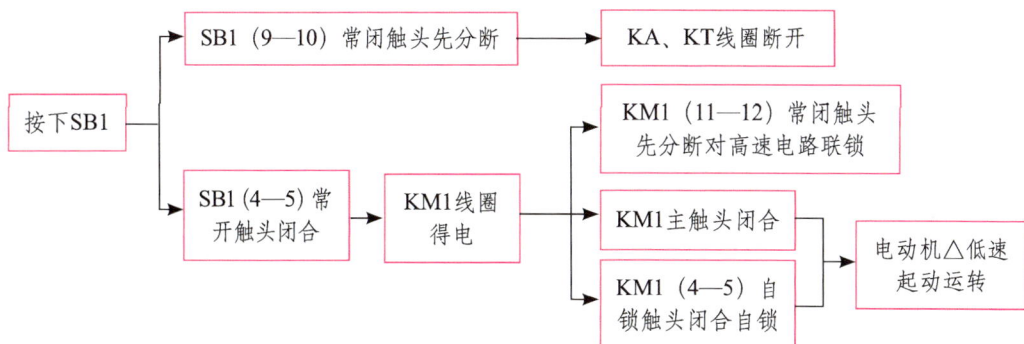

图4.57 △低速起动运转工作原理

(2) Y–Y 高速起动运转

Y–Y 高速起动运转工作原理如图 4.58 所示。

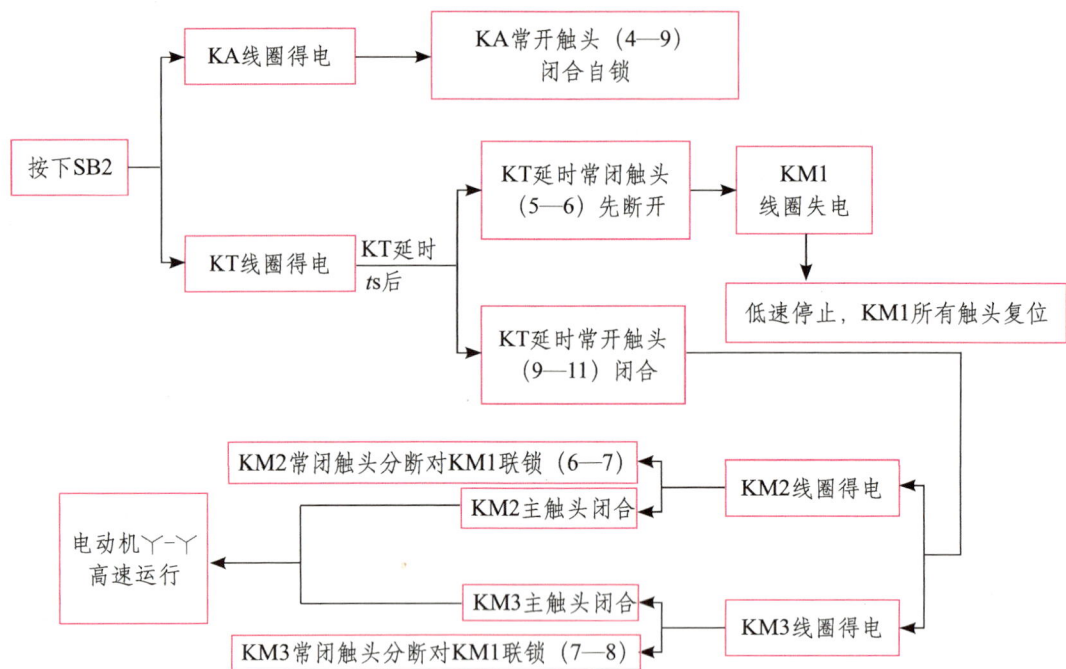

图4.58 Y–Y高速起动运转工作原理

(3) 停止

按下 SB1 停止→所有触头复位→电动机停转。

注意：起动时也可以先按下 SB2，电动机先从低速运转，再自动切换到高速。工作原理可自行分析。

4.5.3 实践操作检测与评价

在任务实践操作完毕后，根据表 4.14 所示的项目和评分细则及实际操作情况，在表中记下本次实践操作的成绩。

表 4.14 连接三相双速异步电动机调速控制电路成绩评定表

检测项目	工艺要求	配分	评分细则	实际得分
布线质量	选线正确	4	选线每错一处扣1分	
	走线横平竖直，转弯圆滑成90°且基本一致	8	一处不合格扣1分	
	长线沉底，走线成束	8	一处不合格扣1分	
	外部引出线无交叉	6	一处不合格扣1分	

续表

检测项目	工艺要求	配分	评分细则	实际得分
线头加工与连接	剖削长度适当，连接后裸露部分不超过1mm	10	一处不合格扣1分	
	线头绝缘处理良好	6	一处不合格扣1分	
	压接牢固，无松动感	8	一处不合格扣1分	
通电试验	通电安全，运转正常	10	不正常酌情扣分	
故障排除	按要求排除三种故障	30	一种故障没有排除扣10分	
安全、文明操作	爱护工具器材，无损毁	3	每遗失、损毁一件扣2分	
	服从安排，遵守纪律	4	如有违反，按情节扣1～6分	
	实训结束，认真清理工具、器材与场地	3	如有违反，按情节扣1～3分	
配给总分		100	实得总分	

注：对于表中的扣分项，如果错误严重，则可把配分扣完。

> **想一想**
>
> 1. 怎样判别双速电动机的高速、低速绕组？
> 2. 根据对本任务的理解，你能否说出三相双速异步电动机的调速控制原理？

任务 4.6 连接三相异步电动机 ⅄–△ 降压起动控制电路

任务目标：

1. 了解时间继电器的结构原理，会使用时间继电器；
2. 熟悉电动机 ⅄–△ 降压起动控制电路的结构及原理；
3. 熟悉电动机 ⅄–△ 降压起动电路板上的元器件及其布局；
4. 会连接电动机 ⅄–△ 降压起动控制电路，并排除其典型故障。

任务描述：

根据工艺流程与要求正确连接三相异步电动机 ⅄–△ 降压起动控制电路。

连接电路的流程：熟悉电路原理图→分析电动机 ⅄–△ 降压起动控制电路工作过程与原理→熟悉电路板的器材及布局→绘制接线图→照图接线→检测线路→通电测试→验收→设置故障→排除故障→还原正确电路。

三相异步电动机在直接起动时，起动电流为额定电流的 4 ~ 7 倍。在电源变压器容量不够大而电动机功率较大的场合，直接起动会导致电源变压器输出电压下降，不仅会使电动机本身的起动转矩减小，还会影响同一供电网络中其他电气设备的正常工作，因此，较大容量的电动机需采用降压起动。

4.6.1　实践操作：丫－△降压起动控制电路的连接

1　熟悉时间继电器

时间继电器就是从得到动作信号后，经过一定延时时间才使执行部分动作的电器，它主要用于按时间动作的电力拖动控制线路中。时间继电器有多种，主要有电磁式、电动式、空气阻尼式、晶体管式等。目前在电力拖动控制线路中，应用较多的是空气阻尼式和晶体管式时间继电器。本书实训主要使用的是 JSZ3 系列晶体管式时间继电器（通电延时型），如图 4.59 所示。时间继电器引脚排列如图 4.60 所示，2 ~ 7 为线圈，1、3、4 为一组延时常开常闭触头，其中 1 为公共端；8、6、5 为另一组延时常开常闭触头，其中 8 为公共端。时间继电器的图形与文字符号如图 4.61 所示。

图4.59　JSZ3系列晶体管式时间继电器

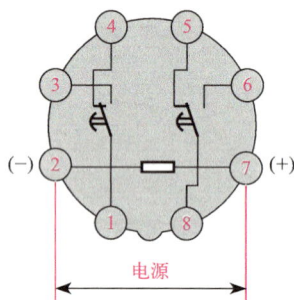

图4.60　时间继电器引脚排列

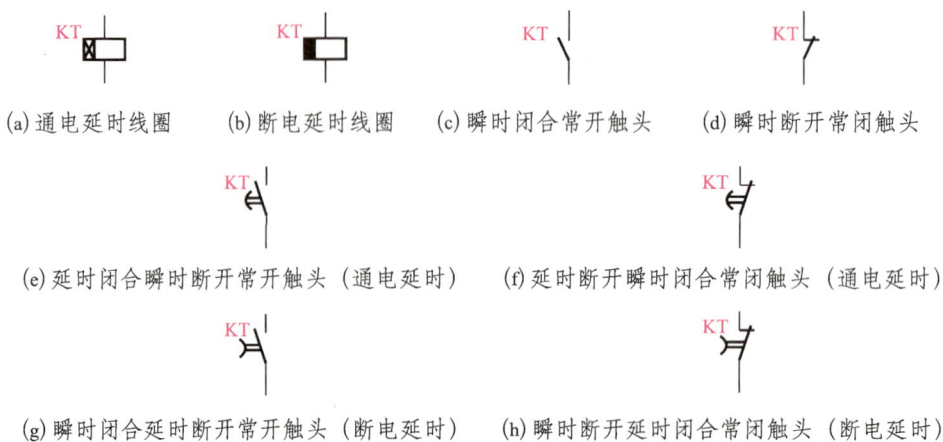

(a) 通电延时线圈　　(b) 断电延时线圈　　(c) 瞬时闭合常开触头　　(d) 瞬时断开常闭触头

(e) 延时闭合瞬时断开常开触头（通电延时）　　(f) 延时断开瞬时闭合常闭触头（通电延时）

(g) 瞬时闭合延时断开常开触头（断电延时）　　(h) 瞬时断开延时闭合常闭触头（断电延时）

图4.61　时间继电器的图形与文字符号

晶体管式时间继电器又称半导体时间继电器或电子式时间继电器，具有机械结构简单、延时范围宽、整定精度高、体积小、耐冲击、耐振动、调整方便等优点，应用非常广泛，已成为时间继电器的主流产品。晶体管式时间继电器按结构可以分为阻容式和数字式两类；按延时方式可以分为通电延时型、断电延时型和带瞬时触头的通电延时型 3 类。

2　连接三相异步电动机⅄－△ 降压起动控制电路

步骤一　按照电路原理图和装接图配置器材，注意检查所配器材是否完好，再用仪表检测是否可用，并将器材选用和检测结果记入表 4.15 中。

表 4.15　电动机⅄－△降压起动控制电路器材明细表

符号	名称	型号与规格	数量	检测结果是否可用
QF	低压断路器	NXB-63 C10 380V	1	
FU1	主电路熔断器	RT28N-32X 配10A熔芯	3	
FU2	控制电路熔断器	RT28N-32X 配2A熔芯	2	
KM、KM⅄、KM△	交流接触器	CJX2-12，380V，配F4-22	3	
KH	热继电器	NR4-63，整定范围2.5～4A	2	
SB1、SB2	起动、停止按钮	LA38-4H，组合式四组	1	
KT	时间继电器	JSZ3A-B 1～10s	1	
XT	接线端子	TD-1525，15A	1	
	主电路用导线	BVR-1.5mm^2	适量	
	控制电路用导线	BVR-1mm^2	适量	
	冷压端子	1～1.5mm^2	适量	
	号码管	白色 1～1.5mm^2	适量	
	电工板（铁质）	500mm×450mm×20mm	1	

步骤二　熟悉电路图及电路板上的元器件布局，按照原理图和实体图设计每根导线的长短、走向与导线的成型。三相异步电动机⅄－△降压起动控制电路原理图如图 4.62 所示、元器件布置图如图 4.63 所示、接线示意图如图 4.64 所示和实际装接图如图 4.65 所示。

步骤三　在元器件已经安装完成的电路板上，按照表 4.2 的工艺要求连接电路，原则上先连接控制电路，再连接主电路。

步骤四　电路连接完毕，仔细认真检查，确保完全正确无误。

步骤五　用护套电缆按要求连接电动机与电路板，并用兆欧表检测电动机绕组对外壳绝缘电阻。

步骤六　通电试验。在接线无误的前提下，接通电源，观察电动机⅄－△降压起动的效果。

步骤七　典型故障排除。教师在学生接线完毕、通电试验成功的电路板上设置 3 种故障，指导每次学生排除一种故障，分 3 次排除，并将排除效果计入实践操作成绩。

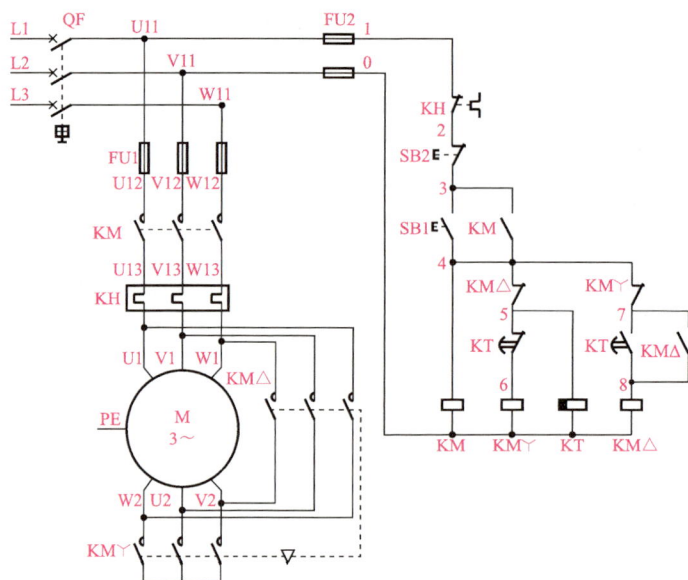

图4.62　三相异步电动机丫-△降压起动控制电路原理图

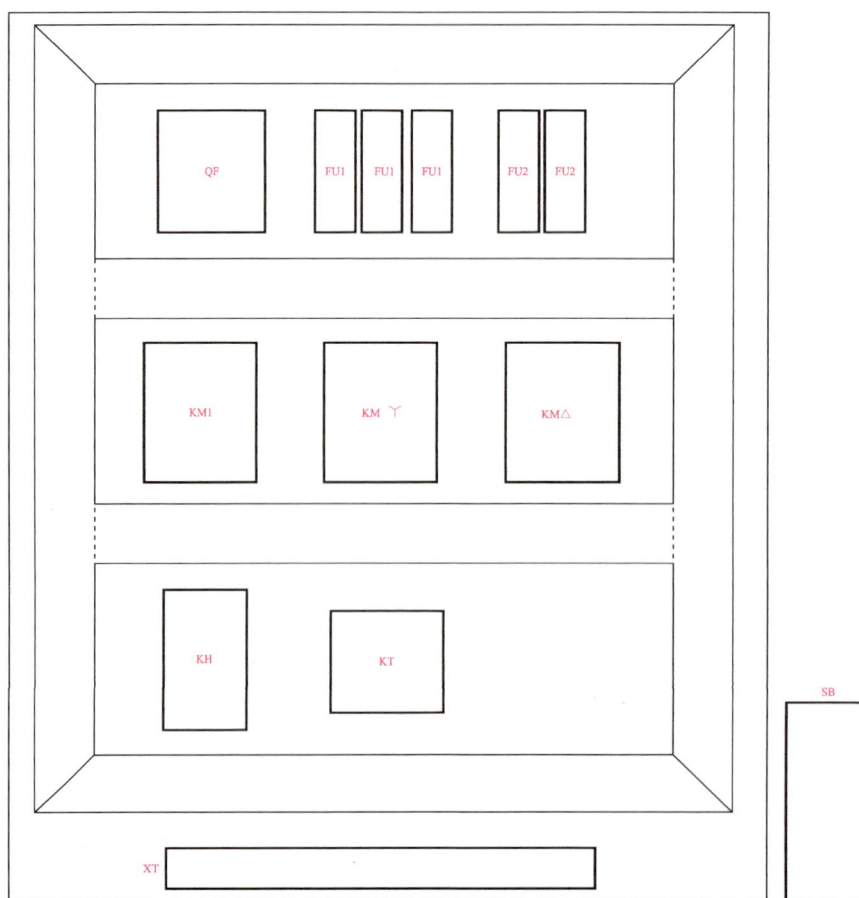

图4.63　三相异步电动机丫-△降压起动控制电路元器件布置图

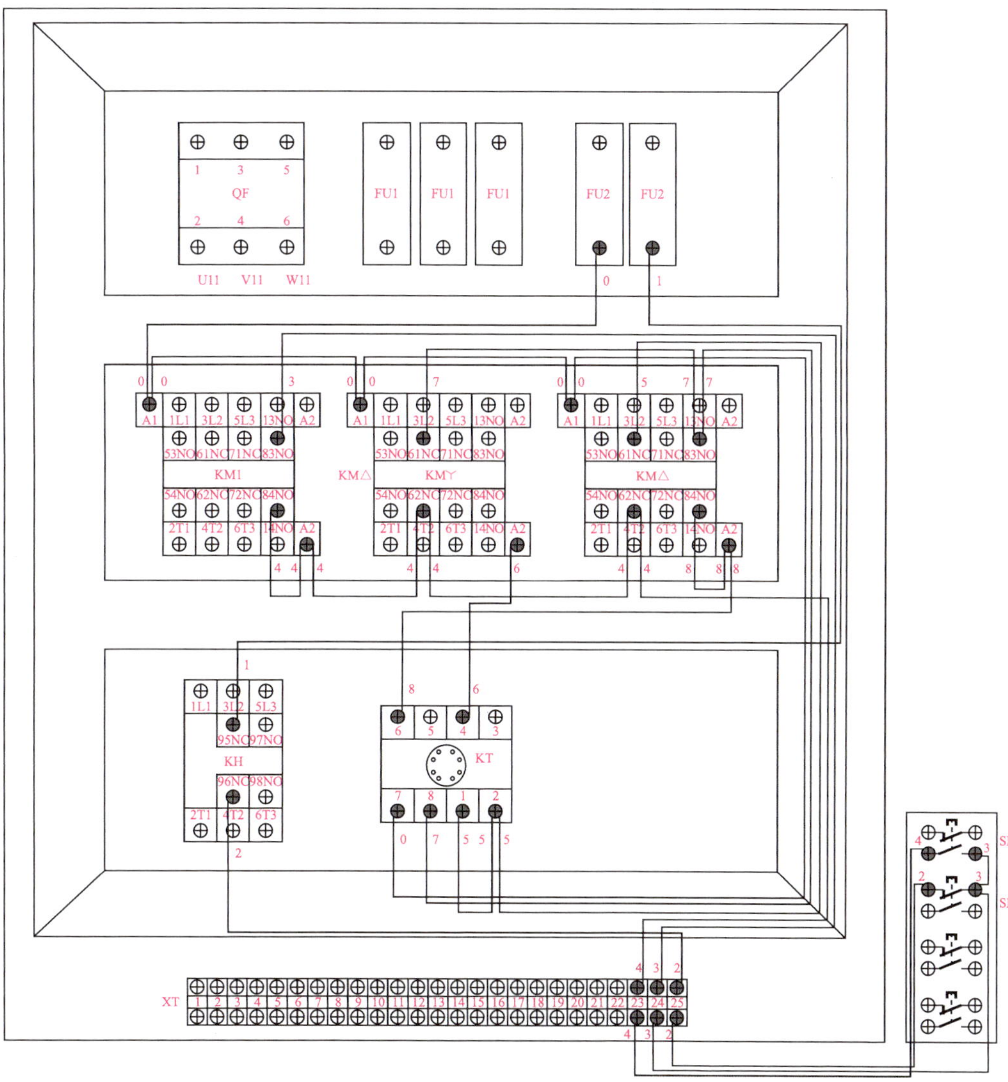

(a) 控制电路参考接线图

图4.64 三相异步电动机丫-△降压起动控制电路接线示意图

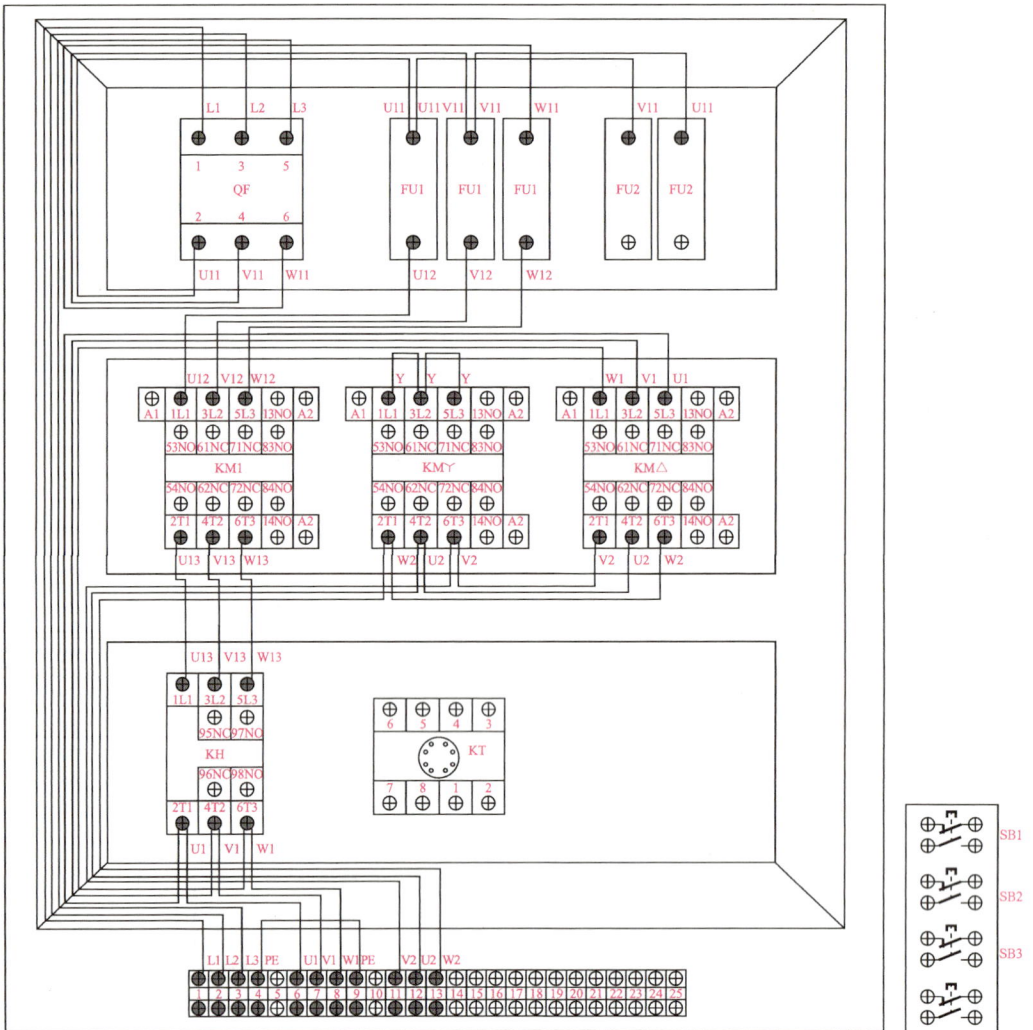

(b) 主电路参考接线图

图4.64（续）

图4.65 三相异步电动机丫-△降压起动控制电路实际装接图

4.6.2 相关知识：丫-△降压起动控制电路的工作原理

1 丫-△降压起动原理

丫-△降压起动是指电动机起动时，把定子绕组接成丫形，以降低起动电压，限制起动电流，待电动机起动完成后，再把定子绕组改接成△连接（图4.62）。

2 电动机丫-△降压起动控制电路工作原理

电动机丫-△降压起动控制电路工作原理如图 4.66 所示。

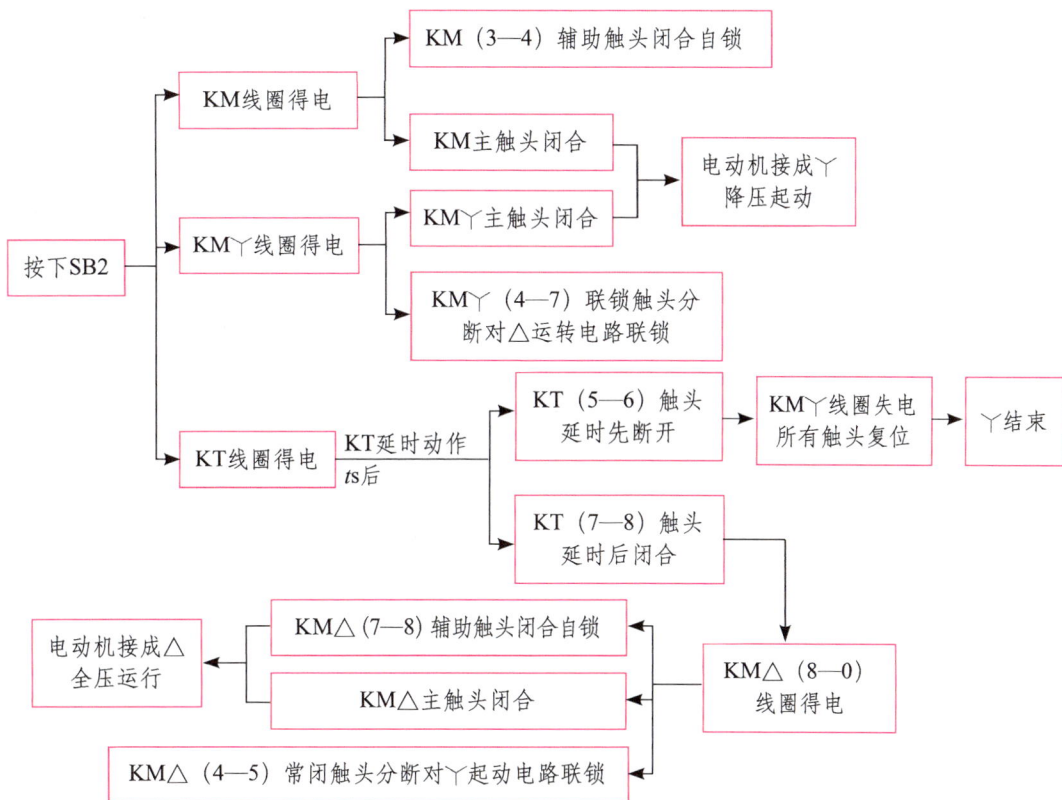

图4.66 电动机丫-△降压起动控制电路工作原理

4.6.3 实践操作检测与评价

在本任务实践操作完毕后，根据表4.16所示的项目和评分细则及实际操作情况，在表中记下本次实践操作成绩。

表4.16 电动机丫－△降压起动控制电路成绩评定表

检测项目	工艺要求	配分	评分细则	实际得分
布线质量	选线正确	4	选线每错一处扣1分	
	走线横平竖直，转弯圆滑成90°且基本一致	8	一处不合格扣1分	
	长线沉底，走线成束	8	一处不合格扣1分	
	外部引出线无交叉	6	一处不合格扣1分	
线头加工与连接	剖削长度适当，连接后裸露部分不超过1mm	10	一处不合格扣1分	
	线头绝缘处理良好	6	一处不合格扣1分	
	压接牢固，无松动感	8	一处不合格扣1分	
通电试验	通电安全，运转正常	10	不正常酌情扣分	
故障排除	按要求排除三种故障	30	一种故障没有排除扣10分	
安全、文明操作	爱护工具器材，无损毁	3	每遗失、损毁一件扣2分	
	服从安排，遵守纪律	4	如有违反，按情节扣1～8分	
	实训结束，认真清理工具、器材与场地	3	如有违反，按情节扣1～3分	
配给总分		100	实得总分	

想一想

1.怎样判断一台电动机应使用降压起动还是直接起动？

2.丫连接和△连接之间的电压和电流各是什么关系？

巩固与应用

1.电气元器件在安装前应如何进行质量检测？

2.什么是欠压保护？什么是失压保护？

3.如何使电动机改变转向？

4.简述电动机基本控制线路故障检修的步骤和方法。

5.什么叫制动？试简述图4.45所示反接制动控制电路的工作原理。

6.什么叫降压起动？试用自己的语言，分析图4.62所示丫－△降压起动控制电路的工作原理。

项目 5
PLC改造三相异步电动机控制线路

学习目标

技能目标 ☞
1. 熟悉并掌握三菱 PLC 的使用方法；
2. 会按要求用 PLC 改造单向连续运转控制电路，并在电路板上完成连接与测试，实现相应功能；
3. 会按要求用 PLC 改造可逆运转控制电路，并在电路板上完成连接与测试，实现相应功能；
4. 会按要求用 PLC 改造丫－△降压起动控制电路，并在电路板上完成连接与测试，实现相应功能。

知识目标 ☞
1. 熟悉三菱 PLC 及其相关内容；
2. 掌握用 PLC 改造三相异步电动机控制线路的操作步骤；
3. 理解三相异步电动机单向连续运转控制电路的结构与工作原理；
4. 理解三相异步电动机可逆运转控制电路的结构与工作原理；
5. 理解三相异步电动机丫－△降压起动控制电路的结构与工作原理。

思政目标 ☞
1. 树立创新意识，勇于进行创新设计，提升创新能力；
2. 培养专注、负责的工作态度，弘扬一丝不苟、精益求精的工匠精神。

任务 *5.1* PLC改造三相异步电动机单向连续运转控制电路

任务目标：

1. 理解三相异步电动机单向连续运转控制电路的原理图与工作原理；
2. 掌握用 PLC 改造三相异步电动机控制线路的操作步骤；
3. 会连接用PLC改造的三相异步电动机单向连续运转控制电路，并实现相应功能。

任务描述：

根据工艺流程与要求正确用 PLC 改造单向连续运转控制电路。

改造电路的流程：熟悉三菱 PLC→分析单向连续运转控制电路工作过程与原理→根据 PLC 改造的操作步骤→按工艺要求照图接线→检测线路→通电测试→评价。

PLC 是可编程逻辑控制器的简称，它取代了传统继电器，具有执行逻辑、计时和计数等顺序控制功能，可用于创建一种柔性的程序控制系统。作为通用工业控制计算机，PLC 从无到有，功能从弱到强，应用领域从小到大，得到了长足发展，它已经占据了工业生产自动化三大支柱（PLC、机器人、计算机辅助设计与制造）的首位，在实际的生产控制中得到了广泛应用。

本书中任务 4.1 已经介绍了三相异步电动机单向运转控制电路，本任务用三菱 PLC 来改造单向连续运转控制电路，电路原理图如图 5.1 所示。

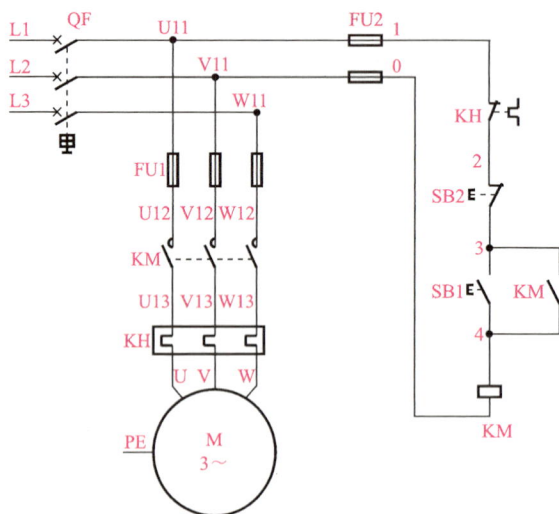

图5.1 三相异步电动机单向连续运转控制电路原理图

5.1.1 实践操作：用PLC改造单向连续运转控制电路

步骤一 理解电路的工作原理。

经过任务 4.1 连接三相异步电动机单向运转控制电路的学习，我们已经理解和熟悉了电路的工作原理。

接通三相交流电源，合上低压断路器 QF；按下起动按钮 SB1，接触器 KM 闭合，电动机 M 单向连续运行。当按下按钮 SB2 或模拟热继电器 KH 动作，接触器 KM 复位，电动机 M 停止运行。

单向连续运转电路
程序编写示范

步骤二 分配 PLC 输入 / 输出（I/O）口。

三菱 FX2N-48MR 型 PLC 有很多的 I/O（in/out，输入 / 输出）口（共 24 个输入口和 24 个输出口），所以在改造、设计时需要进行 I/O 口的具体分配。根据实训要求，对 I/O 口进行分配，具体如表 5.1 所示。

表5.1　单向连续运转控制电路I/O口分配表

输入信号			输出信号		
名称	符号	输入点编号	名称	符号	输出点编号
起动按钮	SB1	X0	接触器	KM	Y0
停止按钮	SB2	X1			
热继电器	KH	X2			

步骤三 绘制 PLC 外接线图。

I/O 口分配完毕后，就可以根据分配的 I/O 口绘制 PLC 外接线图，如图 5.2 所示。主电路与图 5.1 的主电路相同。

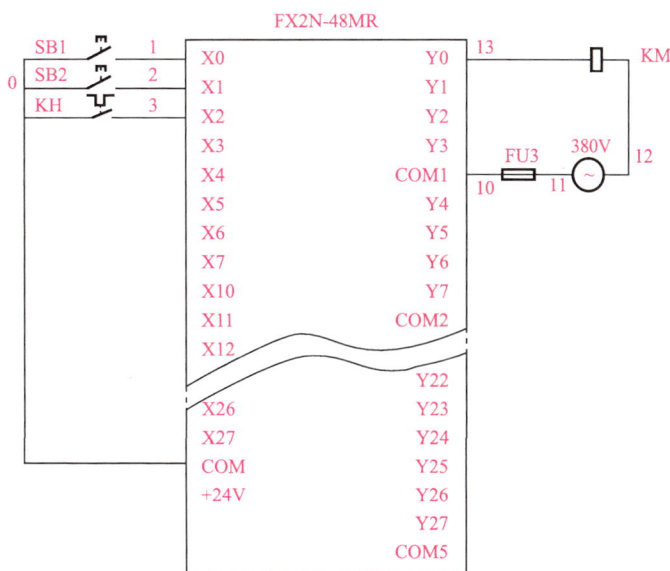

图5.2　PLC外接线参考图

步骤四 设计梯形图程序。

根据电路的工作原理及 PLC 的 I/O 口分配，应用 GX Developer 三菱编程软件进行 PLC 梯形图程序的设计。PLC 控制的梯形图参考程序如图 5.3 所示。

图5.3 PLC控制的梯形图参考程序

说明：图 5.3 为 PLC 基本的控制程序，称为"起保停程序"，程序中 X0 为起动信号，X1（X2）为停止信号，并联在 X0 旁边的 Y0 为保持信号，Y0 线圈为输出信号。

步骤五 进行实物接线。

1）根据 PLC 的外接线图（图 5.2），进行 PLC 控制部分的接线。

2）根据原理图（图 5.1）的主电路，进行主电路的接线。

实际接线工艺根据任务 4.1 中的表 4.2 连接电路板的工艺要求进行合理、规范、正确的接线。完成接线后的实际接线图，如图 5.4 所示。

单向连续运转控制
线路通电测试

图5.4 用PLC改造单向连续运转控制电路实际接线图

3）接线完成后，检查 PLC 所用到的 I/O 口是否全部完成接线，输入、输出端是否接上电源，确认无误后，在指导教师的许可下进行通电试验。

步骤六 进行系统调试。

1）程序输入。根据要求，在软件中编写程序（图 5.3），并下载到 PLC。

2）静态调试。接线完成后，先切断 PLC 输出端的电源（将 FU3 熔断器熔芯取下即可）。

连接好输入设备，进行模拟静态调试。

按下起动按钮 SB1，Y0 指示灯点亮，松开后一直点亮，在此过程中，只要按下停止按钮 SB2 或热继电器 KH，Y0 指示灯熄灭。

观察 PLC 指示灯 Y0 是否按要求动作，否则检查并修改程序，直至指示正确为止。

3）动态调试。静态调试正确后，将 FU3 熔断器熔芯装上，使输出端有电源，接触器线圈能够得电动作，首先进行空载调试。

按下起动按钮 SB1，接触器 KM 闭合，松开后一直闭合，在此过程中按下停止按钮 SB2 或热继电器 KH，接触器 KM 断开。

观察接触器 KM 能否按控制要求动作，否则检查接触器控制电路，直至接触器能按控制要求动作为止。

空载调试正确后，按图 5.1 所示的主电路连接好三相异步电动机，进行带载动态调试。操作方法同空载调试。

接触器联锁正反转控制线路通电测试

步骤七 进行编程拓展。

以单向连续运转控制电路 PLC 控制为基础，练习编程。其控制要求如下。

1）按下起动按钮 SB1，电动机延时 5s 起动；按下停止按钮 SB2，电动机延时 5s 停机。

2）电动机出现过载时（热继电器 KH 动作），立即停机。

5.1.2　相关知识：三菱PLC的相关知识

1 PLC的基本结构

PLC 采用了典型的计算机结构，主要由 CPU（central processing unit，中央处理器）、随机存储器（random access memory，RAM）和只读存储器（read-only memory，ROM）、专门设计的 I/O 接口电路及电源单元、编程单元、I/O 扩展接口、外部设备接口等组成。PLC 的一般结构如图 5.5 所示。

三菱PLC命名格式

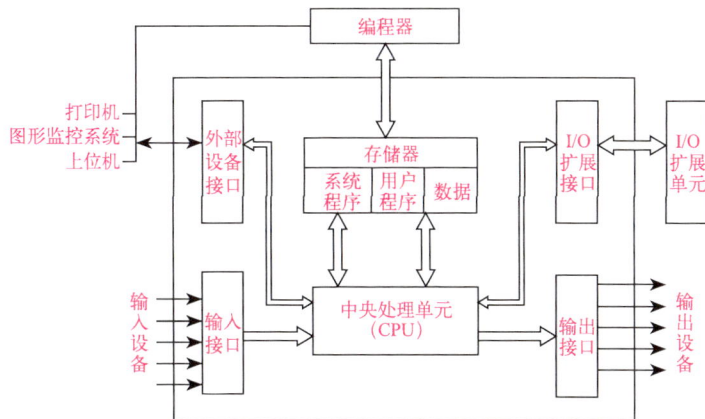

图5.5　PLC的一般结构

2 PLC的工作方式

PLC 采用循环扫描工作方式，系统工作任务管理及应用程序执行都是以循环扫描工作方式完成的。用户程序的完成可分为以下 3 个阶段：输入处理阶段、程序执行阶段、输出处理阶段，如图 5.6 所示。

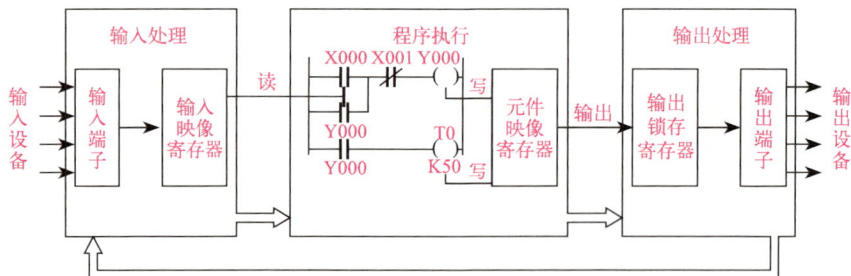

图5.6　PLC用户程序循环扫描工作过程

3 三菱FX系列PLC的型号含义

本书中所使用的是三菱公司的 PLC。三菱公司是日本生产 PLC 的主要生产商之一。FX_{2N} 系列机型是三菱公司的典型产品。FX 系列 PLC 型号名称的含义如下。

$$FX\square\square-\square\square\square\square-\square$$
$$①\quad②\quad③④\quad⑤$$

① 子系列名称：如 1S、1N、2N 等。

② I/O 的总点数。

③ 单元类型：M 为基本单元，E 为输入 / 输出混合扩展单元与扩展模块，EX 为输入专用扩展模块，EY 为输出专用扩展模块。

④ 输出形式：R 为继电器输出（有触头，可带交 / 直流负载），T 为晶体管输出（无触头，带直流负载），S 为双向晶闸管输出（无触头，可带交流负载）。

三菱PLC系列介绍

⑤ 电源和 I/O 类型特性：一般无符号 AC 100V/200V 电源，DC 24V 输入。

例如，本书中实训用 PLC FX_{2N}-48MR 型号名称的含义可以概述为：

FX_{2N} -	48	M	R
系列名称	I/O 总点数 48 点	基本单元	继电器输出形式

4 三菱FX系列PLC的主机面板结构

三菱 FX_{2N}-48MR 型 PLC 主机面板结构及各部分内容如图 5.7 所示。

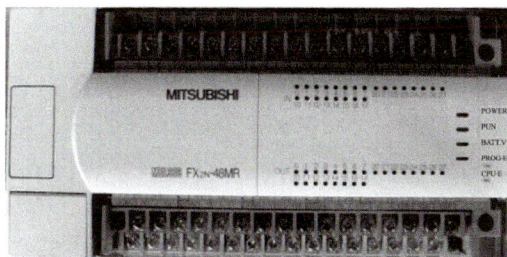

(a) PLC实物图

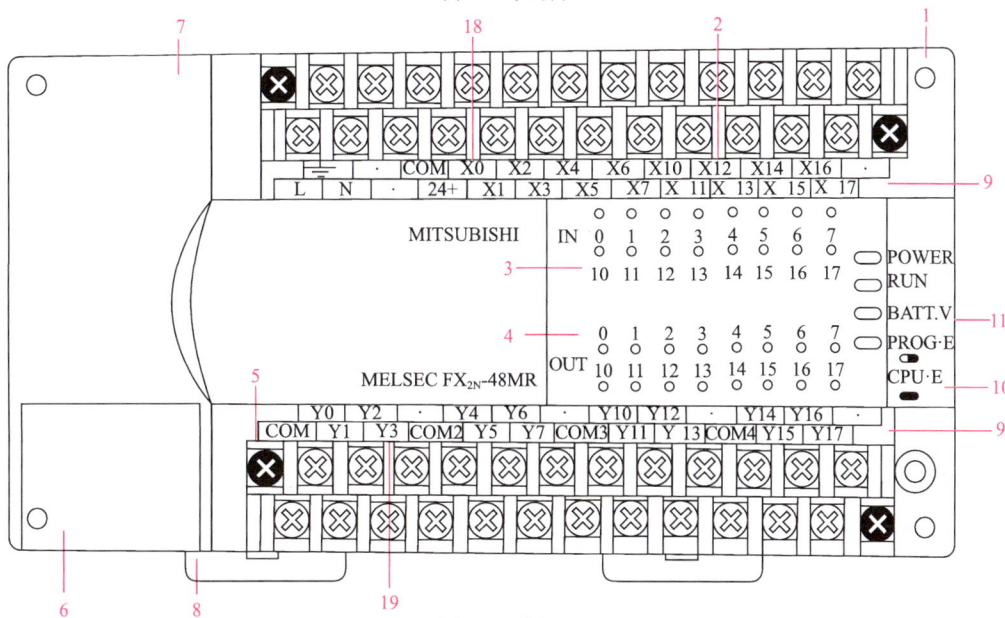

(b) 正面俯视图

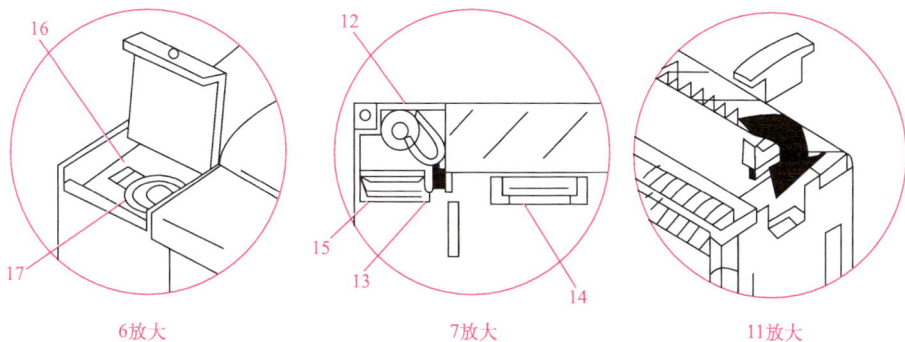

6放大　　　　　　7放大　　　　　　11放大

(c) 局部放大图

1—安装孔；2—电源、辅助电源、输入信号用的可装卸端子；3—输入状态指示灯；
4—输出状态指示灯；5—输出用的可装卸端子；6—外部设备接线插座、盖板；7—面板盖；
8—DIN导轨装卸用卡子；9—I/O端子标记；10—工作状态指示灯（POWER：电源指示灯；RUN：运行指示灯；
BATT.V：电池电压下降指示灯；PROG·N：指示灯闪烁时表示程序语法出错；CPU·E：指示灯亮时表示出错）；
11—扩展单元、扩展模块、特殊单元、特殊模块的接线插座盖板；12—锂电池；13—锂电池连接插座；
14—另选存储器滤波器安装插座；15—功能扩展板安装插座；16—内置RUN/STOP开关；
17—编程设备、数据存储单元接线插座；18—输入继电器；19—输出继电器。

图5.7　三菱FX$_{2N}$-48MR型PLC主机面板结构及各部分内容

5　三菱FX系列PLC的内部软元件

在用 PLC 编程时，必须熟悉其内部的软元件，三菱 FX_{2N} 系列 PLC 内部软元件及对应的编号（以 FX_{2N}-48MR 为例）如表 5.2 所示。

表5.2　三菱FX_{2N}系列PLC内部软元件及对应的编号

序号	内部软元件	具体内容		点数
1	输入继电器X	X0-X7 X10-X17 X20-X27 八进制		24
2	输出继电器Y	Y0-Y7 Y10-Y17 Y20-Y27 八进制		24
3	辅助继电器 M	M0-M499 普通用途		500
		M500-M1023 断电保持		824
		M8000-M8255 特殊继电器		256
4	定时器 T	T0-T199 普通用途，精度100ms		200
		T200-T245 普通用途，精度10ms		46
		T246-T249 积累型，精度1ms		4
		T250-T255 积累型，精度100ms		6
5	计数器 C	16位 增计数	C0-C99 普通用途	100
			C100-C199 断电保持	100
		32位 增减计数	C200-C219 断电保持	20
			C220-C234 特殊用途	15
6	数据寄存器 D	D0-D199 普通用途		200
		D200-D511 断电保持		312
		D512-D7999 断电保持专用		7488
		D8000-D8255 特殊用		256
7	状态寄存器 S	S0-S9 初始状态		10
		S10-S19 返回原点状态		10
		S20-S499 一般用途		480
		S500-S899 断电保持		400
		S900-S999 信号报警用		100
8	变址寄存器 V、Z	V0-V7		8
		Z0-Z7		8
9	数制	十六进制H，十进制K		

5.1.3 实践操作检测与评价

实践操作完毕后进行评价。根据评分标准表客观地评价本次实训过程中的实际得分情况，分学生自评、学生互评和教师总体评价。将实训的评分结果客观地填写在表5.3中。

表5.3 PLC改造电动机控制电路的评分标准

项目内容	设计要求	评分标准	配分	自评分	互评分	教师评分
电路改造	根据要求，列出PLC控制I/O口元件地址分配表，根据加工工艺，设计梯形图及PLC控制I/O口接线图，根据梯形图列出指令表	(1) I/O地址遗漏或出错，每处扣1分 (2) 梯形图表达不正确或画法不规范，每处扣2分 (3) 接线图表达不正确或画法不规范，每处扣2分 (4) 指令有误，每条扣2分	25			
安装与接线	按PLC控制I/O口接线图在模拟配线板上布置要合理，安装要准确紧固，配线导线要紧固、美观，导线要嵌入线槽，导线要有端子标号，引出端要用冷压端子	(1) 元件布置不整齐、不匀称、不合理，每个扣1分 (2) 元件安装不牢固、安装元件时漏装螺钉，每个扣1分 (3) 损坏元件扣5分 (4) 电机运行正常，如不按电气原理图接线，扣1分 (5) 布线不嵌入线槽、不美观，主电路、控制电路每根扣1分 (6) 接点松动、露铜过长、反圈、压绝缘层、标记线号不清楚、遗漏或误标、引出端无冷压端子每处扣0.5分 (7) 损伤导线绝缘或线芯，每根扣1分 (8) 不按PLC控制I/O口接线图接线，每根扣2分	35			
程序输入与调试	熟练操作PLC键盘，能正确地将所编程序输入PLC；按照要求进行模拟调试，达到控制要求	(1) 不会熟练操作PLC键盘输入指令扣2分 (2) 不会用删除、插入、修改等命令，每项扣2分 (3) 一次试车不成功扣20分，二次试车不成功扣30分	30			
安全文明生产	在设计、安装、调试过程中，能够安全文明生产，保证人身安全；整个过程符合7S操作规程	(1) 违反安全文明生产规程，发生事故，扣5分 (2) 不符合7S操作规程的，扣5分	10			

注：7S是指整理（seiri）、整顿（seiton）、清扫（seiso）、清洁（seiketsu）、素养（shitsuke）、安全（safety）和节约（saving）。

任务 5.2 PLC改造三相异步电动机可逆运转控制电路

任务目标：

  1. 理解三相异步电动机单向连续运转转控制电路的原理图与工作原理；

  2. 掌握用 PLC 改造三相异步电动机控制线路的操作步骤；

  3. 会连接用 PLC 改造单向连续运转控制电路，并实现相应功能。

任务描述：

  根据工艺流程与要求正确用 PLC 改造可逆运转控制电路。

  改造电路的流程：熟悉三菱 PLC →分析可逆运转控制电路工作过程与原理→根据 PLC 改造的操作步骤→按工艺要求照图接线→检测线路→通电测试→评价。

本书中任务 4.2 已经介绍了三相异步电动机可逆运转控制电路，本任务用三菱 PLC 来改造可逆运转控制电路，电路原理图如图 5.8 所示。

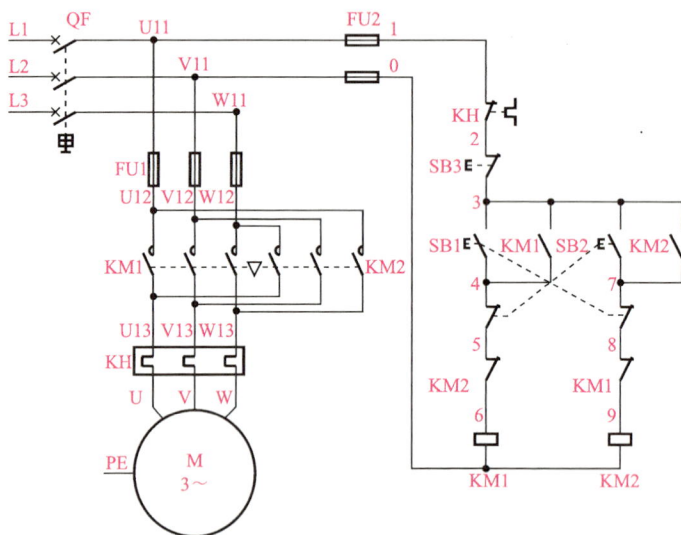

图5.8　三相异步电动机可逆运转控制电路原理图

5.2.1　实践操作：用PLC改造可逆运转控制电路

步骤一　理解电路的工作原理。

经过项目 4 连接三相异步电动机可逆运转控制电路的学习，我们已经理解和熟悉了电路的工作原理：接通三相交流电源，合上低压断路器 QF；按下按钮 SB1，接触器 KM1 闭合，电动机 M 正转运行；此时按下按钮 SB2，接触器 KM1 复位，接触器 KM2 闭合，电动机 M 反转运行；再次按下按钮 SB1，接触器 KM2 复位，接触器 KM1 又闭合，电动机 M 又正转运行。这种电路可以使电动机在正、反转之间进行切换。

按下按钮 SB3 或模拟热继电器 KH 动作时，接触器 KM1 或 KM2 断开复位，电动机停止运行。

步骤二 分配 PLC I/O 口。

三菱 FX2N-48MR 型 PLC 有很多 I/O 口（共 24 个输入口和 24 个输出口），在改造、设计时需要进行 I/O 口的正确分配。根据实训要求，对 I/O 口进行分配，具体如表 5.4 所示。

表5.4 可逆运转控制电路I/O口分配表

输入信号			输出信号		
名称	符号	输入点编号	名称	符号	输出点编号
正转起动按钮	SB1	X0	正转接触器	KM1	Y0
反转起动按钮	SB2	X1	反转接触器	KM2	Y1
停止按钮	SB3	X2			
热继电器	KH	X3			

步骤三 绘制 PLC 外接线图。

I/O 口分配完毕后，就可以根据分配的 I/O 口绘制 PLC 外接线图，如图 5.9 所示。主电路与图 5.8 的主电路相同。

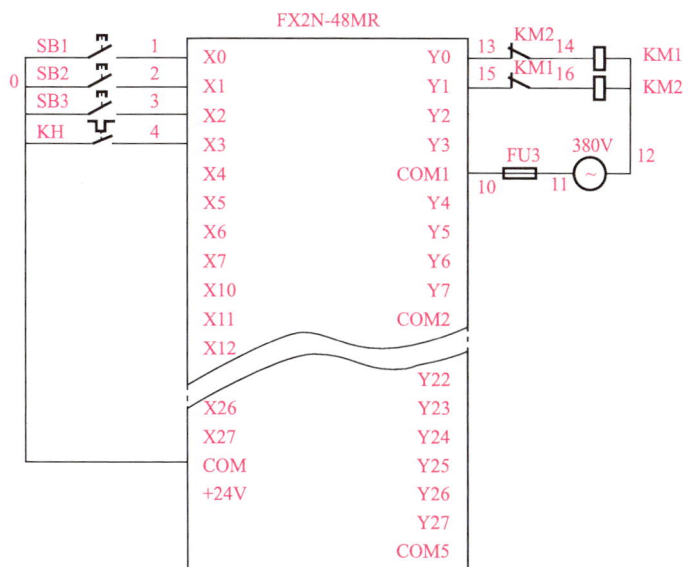

图5.9 PLC外接线参考图

步骤四　设计梯形图程序。

根据电路的工作原理及 PLC 的 I/O 口分配，应用 GX Developer 三菱编程软件进行 PLC 梯形图的程序设计。PLC 控制的梯形图参考程序如图 5.10 所示。

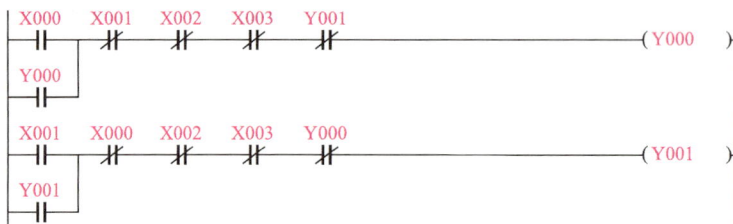

图5.10　PCL控制的梯形图参考程序

说明：在正反转控制中，正转和反转是不能同时动作的，所以除了要进行接触器联锁（硬件联锁），还应该在梯形图程序中的触头进行联锁（软件联锁），这样可以保证运行的安全性、可靠性、正确性。

步骤五　实物接线。

1）根据 PLC 的外接线图（图 5.9），进行 PLC 控制部分的接线。

2）根据原理图（图 5.8）的主电路，进行主电路的接线。

正反转控制电路
程序编写示范

实际接线工艺根据任务 4.1 中的表 4.2 连接电路板的工艺要求进行合理、规范、正确的接线。完成接线后的实际接线图如图 5.11 所示。

图5.11　PLC改造可逆运转控制电路实际接线图

3）接线完成后，检查 PLC 所用到的 I/O 口是否全部接线，输入、输出端是否接上电源，确认无误后，在指导教师的许可下进行通电试验。

步骤六　进行系统调试。

1）程序输入。根据要求，在软件中编写程序（图 5.10），并下载到 PLC。

2）静态调试。接线完成后，先切断 PLC 输出端的电源（将 FU3 熔断器熔芯取下即可）。连接好输入设备，进行模拟静态调试。

先按下正转起动按钮 SB1（即 X0 接通），Y0 指示灯点亮，松开后一直点亮；然后按下反转起动按钮 SB2（即 X1 接通），Y0 指示灯熄灭，Y1 指示灯点亮，松开后一直点亮；再次按下正转起动按钮 SB1（即 X0 接通），Y1 指示灯熄灭，Y0 指示灯点亮，松开后一直点亮；可以在 Y0 与 Y1 之间直接进行切换。在整个过程中只要按下停止按钮 SB3（即 X2 接通）或热继电器 KH（即 X3 接通），Y0 或 Y1 指示灯熄灭。

在操作正转起动、反转起动按钮时，观察 PLC 指示灯 Y0、Y1 是否按要求动作，若不按要求动作则检查并修改程序，直至指示正确。

3）动态调试。静态调试正确后，将 FU3 熔断器熔芯装上，使输出端有电源，接触器线圈能够得电动作，首先进行空载调试。

先按下正转起动按钮 SB1，接触器 KM1 闭合，松开后一直闭合；如果按下反转起动按钮 SB2，接触器 KM1 断开，接触器 KM2 闭合，松开后一直闭合；再次按下正转起动按钮 SB1，接触器 KM2 断开，接触器 KM1 闭合，松开后一直闭合；可以在 KM1 与 KM2 之间直接进行切换。在整个过程中只要按下停止按钮 SB3 或热继电器 KH，接触器 KM1 或 KM2 断开复位。

在操作正转起动、反转起动按钮时，观察接触器 KM1、KM2 能否按控制要求动作，否则检查接触器控制电路，直至接触器能按控制要求动作。

空载调试正确后，按图 5.8 所示的主电路连接好三相异步电动机，进行带载动态调试。操作方法同空载调试。

步骤七　编程拓展。

以接触器按钮双重联锁可逆控制电路 PLC 控制为基础，练习编程。控制要求如下。

1）按下正转起动按钮 SB1，正转运行 5s 后自动切换到反转，反转运行 5s 后自行停车；在运行过程中，按反转起动按钮 SB2 无效，停止后才有效。

2）按下反转起动按钮 SB2，反转运行 5s 后自动切换到正转，正转运行 5s 后自行停车；在运行过程中，按正转起动按钮 SB1 无效，停止后才有效。

3）发生意外情况时，按下停止按钮 SB3，电动机立即停止运行。

4）电动机发生过载时（KH 动作），电动机立即停止运行。

5.2.2 实践操作检测与评价

实践操作完毕后进行评价。根据评分标准客观地评价本次实训过程中的实际得分情况，分为学生自评、学生互评和教师评价。将实训的评分结果客观地填写在表5.5中。

表5.5 PLC改造电动机控制电路的评分标准

项目内容	设计要求	评分标准	配分	自评分	互评分	教师评分
电路改造	根据要求，列出PLC控制I/O口元件地址分配表，根据加工工艺，设计梯形图及PLC控制I/O口接线图，根据梯形图列出指令表	(1) I/O地址遗漏或搞错，每处扣1分 (2) 梯形图表达不正确或画法不规范，每处扣2分 (3) 接线图表达不正确或画法不规范，每处扣2分 (4) 指令有错，每条扣2分	25			
安装与接线	按PLC控制I/O口接线图在模拟配线板上布置要合理，安装要准确紧固，配线导线要紧固、美观，导线要嵌入线槽，导线要有端子标号，引出端要用冷压端子	(1) 元件布置不整齐、不匀称、不合理，每个扣1分 (2) 元件安装不牢固、安装元件时漏装螺钉，每个扣1分 (3) 损坏元件扣5分 (4) 电机运行正常，如不按电气原理图接线，扣1分 (5) 布线不嵌入线槽、不美观，主电路、控制电路每根扣1分 (6) 接点松动、露铜过长、反圈、压绝缘层，标记线号不清楚、遗漏或误标，引出端无冷压端子每处扣0.5分 (7) 损伤导线绝缘或线芯，每根扣1分 (8) 不按PLC控制I/O口接线图接线，每根扣2分	35			
程序输入与调试	熟练操作PLC键盘，能正确地将所编程序输入PLC；按照要求进行模拟调试，达到控制要求	(1) 不会熟练操作PLC键盘输入指令扣2分 (2) 不会用删除、插入、修改等命令，每项扣2分 (3) 一次试车不成功扣20分，二次试车不成功扣30分	30			
安全文明生产	在设计、安装、调试过程中，能够安全文明生产，保证人身安全，整个过程符合7S操作规程	(1) 违反安全文明生产规程，发生事故，扣5分 (2) 不符合7S操作规程的，扣5分	10			

任务 *5.3* PLC改造三相异步电动机丫–△降压起动控制电路

任务目标：

    1. 理解三相异步电动机丫–△降压起动控制电路的原理图与工作原理；

    2. 掌握用 PLC 改造三相异步电动机控制线路的操作步骤；

    3. 会连接用 PLC 改造的三相异步电动机丫–△降压起动控制电路，并实现相应功能。

任务描述：

    根据工艺流程与要求正确用 PLC 改造丫–△降压起动控制电路。

    改造电路的流程：熟悉三菱 PLC →分析丫–△降压起动控制电路工作过程与原理→根据 PLC 改造的操作步骤→按工艺要求照图接线→检测线路→通电测试→评价。

    任务 4.6 已经介绍了三相异步电动机丫–△降压起动控制电路，本任务用三菱 PLC 来改造丫–△降压起动控制电路，原理图如图 5.12 所示。

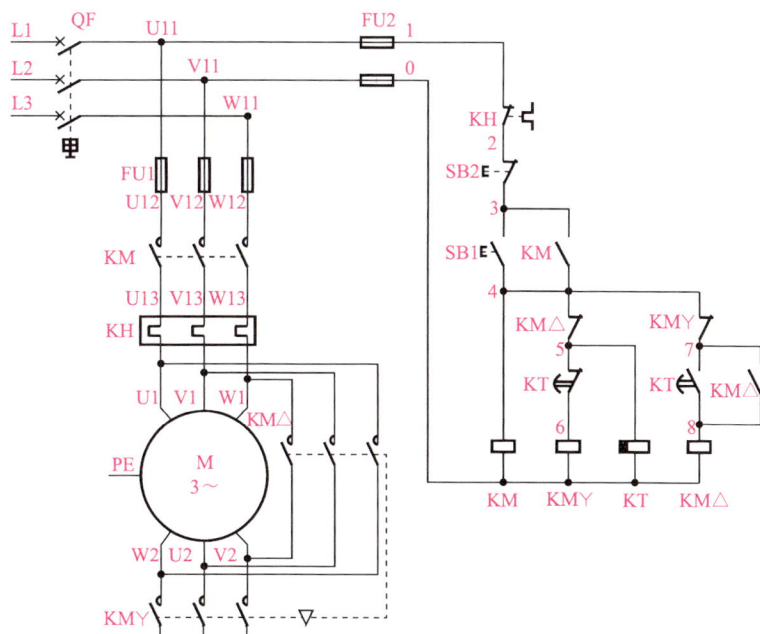

图5.12　三相异步电动机丫–△降压起动控制电路原理图

5.3.1　实践操作：用PLC改造丫–△降压起动控制电路

步骤一　理解电路的工作原理。

经过任务 4.6 连接三相异步电动机丫–△降压起动控制电路的学习，已经理解和熟悉了电路的工作原理。

接通三相交流电源，合上低压断路器 QF；按下起动按钮 SB1，接触器 KM、KM丫和 KT 闭合，电动机 M 定子绕组接成丫形降压起动；延时 5s 后（时间根据需要进行设置），接触器 KM丫复位，接触器 KM△闭合，电动机 M 定子绕组接成△形运行。

当按下停止按钮 SB2 或模拟热继电器 KH 动作，此时接触器 KM1、KM丫或 KM△复位，电动机停止运行。

步骤二　分配 PLC I/O 口。

三菱 FX2N-48MR 型 PLC 有很多 I/O 口（共 24 个输入口和 24 个输出口），在改造、设计时，需要进行 I/O 口的正确分配。根据实训要求，对 I/O 口进行分配，具体如表 5.6 所示。

表5.6　丫-△降压起动控制电路I/O口分配表

输入信号			输出信号		
名称	符号	输入点编号	名称	符号	输出点编号
起动按钮	SB1	X0	KM接触器	KM	Y0
停止按钮	SB2	X1	星形接触器	KM丫	Y1
热继电器	KH	X2	三角形接触器	KM△	Y2

说明：因为 PLC 内部自带定时器 T，所以电力拖动控制线路中的时间继电器 KT 在用 PLC 改造时可以省略。

步骤三　绘制 PLC 外接线图。

I/O 口分配完毕后，就可以根据分配的 I/O 口绘制 PLC 外接线图，如图 5.13 所示。主电路图与图 5.12 的主电路相同。

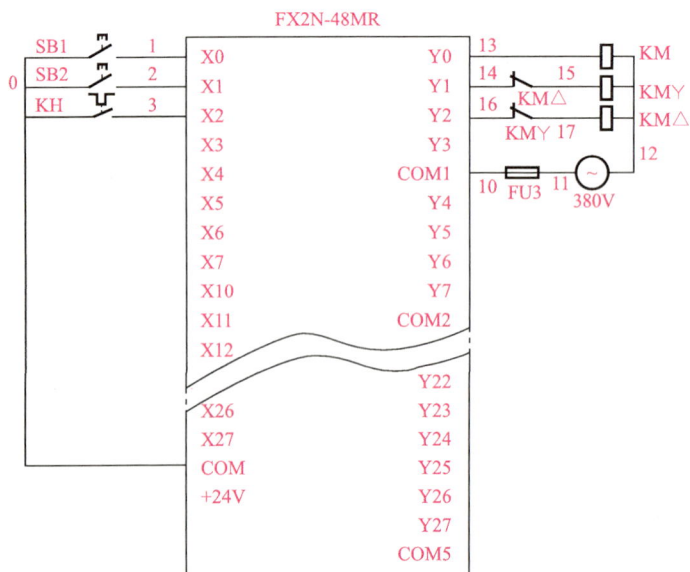

图5.13　PLC外接线参考图

步骤四 设计梯形图程序。

根据电路的工作原理及 PLC 的 I/O 口分配，应用 GX Developer 三菱编程软件进行 PLC 梯形图的程序设计。PLC 控制的梯形图参考程序如图 5.14 所示。

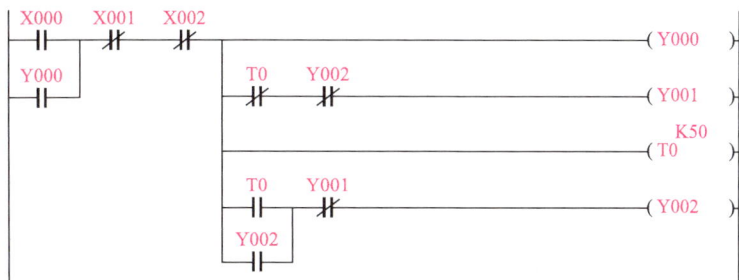

图5.14 PLC控制的梯形图参考程序

说明：在丫－△降压控制中，丫和△是不能同时动作的，所以除了要进行接触器联锁（硬件联锁），还应该在梯形图程序中的触头进行联锁（软件联锁），这样可以保证运行的安全性、可靠性、正确性。

步骤五 实物接线。

1）根据 PLC 的外接线图（图 5.13），进行 PLC 控制部分的接线。

2）根据原理图（图 5.12）的主电路，进行主电路的接线。

实际接线工艺根据任务 4.1 中的表 4.2 连接电路板的工艺要求进行合理、规范、正确的接线。完成接线后的实际接线图如图 5.15 所示。

星三角降压起动

图5.15 用PLC改造丫-△降压起动控制电路实际接线图

3) 接线完成后，检查 PLC 所用到的 I/O 口是否全部接线，输入、输出端是否接上电源，确认无误后，在指导教师的许可下进行通电试验。

步骤六 进行系统调试。

1) 程序输入。根据要求，在软件中编写完程序（图 5.14），并下载到 PLC。

2) 静态调试。接线完成后，先切断 PLC 输出端的电源（将 FU3 熔断器熔芯取下即可）。连接好输入设备，进行模拟静态调试。

星三角降压起动控制线路通电测试

起动时，先按下起动按钮 SB1（即 X0 接通），Y0、Y1 指示灯点亮，实际上是丫起动；经过 5s 延时，Y1 指示灯熄灭，Y2 指示灯点亮，变成△运行。停止时，先按下 SB2 停止按钮（即 X1 接通），Y0、Y2 指示灯熄灭，运行结束。运行过程中，按下停止按钮 SB2 或热继电器 KH（X2）动作，所有输出指示灯都熄灭。

观察 PLC 指示灯 Y0、Y1、Y2 是否按要求动作，否则检查并修改程序，直至指示正确为止。

3) 动态调试。静态调试正确后，将 FU3 熔断器熔芯装上，使输出端有电源，接触器线圈能够得电动作，首先进行空载调试。

按下起动按钮 SB1，接触器 KM1、KM丫闭合，松开后一直闭合，经过 5s 延时，接触器 KM1 仍旧闭合，而 KM丫断开复位，KM△闭合运行，在此过程中按下停止按钮 SB2 或热继电器 FR，接触器 KM1、KM丫、KM△都断开。

观察接触器 KM1、KM丫、KM△能否按控制要求动作，若不能则检查接触器控制电路，直至接触器能按控制要求动作为止。

待空载调试正确后，按图 5.12 所示的主电路连接好三相异步电动机，进行带载动态调试。操作方法同空载调试。

星角降压起动电路程序的编写示范

步骤七 编程拓展。

以丫-△降压起动控制线路 PLC 控制为基础，练习编程。其控制要求如下。

1) 在丫起动过程中，用指示灯 HL1 进行显示（频率 1Hz），此时按停止按钮无效。

2) 在△运行时，指示灯 HL1 常亮，此时按停止按钮有效。

3) 按下停止按钮，5s 后自动停止运行。

4) 在丫起动、△运行过程中，一旦热继电器 KH 动作，立即停止。

5.3.2 实践操作检测与评价

实践操作完毕后进行评价。根据评分标准客观地评价本次实训过程中的实际得分情况，分学生自评、学生互评和教师评价。将实训的评分结果客观地填写在表 5.7 中。

表5.7 PLC改造电动机控制电路的评分标准

项目内容	设计要求	评分标准	配分	自评分	互评分	教师评分
电路改造	根据要求，列出PLC控制I/O口元件地址分配表，根据加工工艺，设计梯形图及PLC控制I/O口接线图，根据梯形图列出指令表	(1) I/O地址遗漏或搞错，每处扣1分 (2) 梯形图表达不正确或画法不规范，每处扣2分 (3) 接线图表达不正确或画法不规范，每处扣2分 (4) 指令有错，每条扣2分	25			
安装与接线	按PLC控制I/O口接线图在模拟配线板上布置要合理，安装要准确紧固，配线导线要紧固、美观，导线要嵌入线槽，导线要有端子标号，引出端要用冷压端子	(1) 元件布置不整齐、不匀称、不合理，每个扣1分 (2) 元件安装不牢固、安装元件时漏装螺钉，每个扣1分 (3) 损坏元件扣5分 (4) 电机运行正常，如不按电气原理图接线，扣1分 (5) 布线不嵌入线槽、不美观，主电路、控制电路每根扣1分 (6) 接点松动、露铜过长、反圈、压绝缘层，标记线号不清楚、遗漏或误标，引出端无冷压端子每处扣0.5分 (7) 损伤导线绝缘或线芯，每根扣1分 (8) 不按PLC控制I/O口接线图接线，每根扣2分	35			
程序输入与调试	熟练操作PLC键盘，能正确地将所编程序输入PLC；按照要求进行模拟调试，达到控制要求	(1) 不会熟练操作PLC键盘输入指令扣2分 (2) 不会用删除、插入、修改等命令，每项扣2分 (3) 一次试车不成功扣20分，二次试车不成功扣30分	30			
安全文明生产	在设计、安装、调试过程中，能够安全文明生产，保证人身安全；整个过程符合7S操作规程	(1) 违反安全文明生产规程，发生事故，扣5分 (2) 不符合7S操作规程的，扣5分	10			

巩固与应用

编程训练：

1. 按下按钮 SB1 后，电动机 5s 后自动起动运行；运行 10s 后自动停止。

2. 按下起动按钮 SB1，电动机 M 正转运行（右行），碰到行程开关 SQ1，停止右行；停留 5s 后反转运行（左行），碰触行程开关 SQ2，停止左行；停留 5s 后正转运行（右行），如此往返循环。按下停止按钮 SB2，电动机立刻停止运行。电动机过载，也立刻停止运行。

3. 在起动过程中，只有 M1 起动运行 5s 后，才能起动 M2；在停止过程中，只有 M2 停止运行 5s 后，才能停止 M1；过载时（热继电器 KH 动作时），电动机 M1、M2 则立即停止。

常用机床控制电路典型故障的排除

学习目标

技能目标 ☞

1. 能根据 C6140 车床电气控制电路原理图识读其模拟电路板，熟悉板上元器件及其布局，能分析电路的实际结构，会在该电路板上排除其典型故障；

2. 能根据 X62W 铣床电气控制电路原理图识读其模拟电路板，熟悉板上元器件及其布局，能分析电路的实际结构，会在该电路板上排除其典型故障；

3. 能根据 M7120 磨床电气控制电路原理图识读其模拟电路板，熟悉板上元器件及其布局，能分析电路的实际结构，会在该电路板上排除其典型故障；

4. 能根据 T68 镗床电气控制电路原理图识读其模拟电路板，熟悉板上元器件及其布局，能分析电路的实际结构，会在该电路板上排除其典型故障。

知识目标 ☞

1. 理解 C6140 车床电气控制电路的结构特点与工作原理；
2. 理解 X62W 铣床电气控制电路的结构特点与工作原理；
3. 理解 M7120 镗床电气控制电路的结构特点与工作原理；
4. 理解 T68 镗床电气控制电路的结构特点与工作原理。

思政目标 ☞

1. 激发爱国情怀，坚定"中国制造"自信，增强使命感和紧迫感。
2. 树立质量意识、环保意识、成本意识，践行高质量发展和绿色发展理念。

　　常用机床控制电路的维修也是电气操作人员必须懂得的知识和应该掌握的技能。全国职业院校技能大赛中职组电气安装与维修赛项维修部分就选用了 C6140 车床电气控制电路、X62W 万能铣床电气控制电路、M7120 平面磨床电气控制电路和 T68 镗床电气控制电路 4 种作为大赛内容。为了给学生的职业生涯奠定基础,也为了配合全国职业技能大赛,在本项目中，我们选用了 4 个应用极为广泛的机床电路。通过规范的技能训练，可掌握这些机床电路的维修技能。

任务 *6.1* 排除C6140车床控制电路的典型故障

任务目标：

　　1. 理解 C6140 车床电气控制电路结构特点与工作原理；

　　2. 熟悉 C6140 模拟电路板上的元器件及其布局；

　　3. 会在 C6140 车床模拟电路板上分析电路；

　　4. 会根据故障现象，检查判定故障范围，排除其典型故障。

任务描述：

　　根据工艺流程与要求正确排除 C6140 车床控制电路典型故障。

　　排除故障的流程：熟悉电路原理图→分析 C6140 车床电气控制电路工作过程与原理→熟悉电路板上的元器件布局→检测线路→通电测试→验收→设置故障→排除故障→还原正确电路。

　　普通车床有两个主要的运动，一个是卡盘或顶尖带动工件的旋转运动，也是车床主轴运动；另外一个是溜板带动刀架的直线运动，称为进给运动。车床工作时，大部分功率消耗在主轴运动上。本任务以 C6140 车床为例进行分析，使读者在理解其电路结构与工作原理的基础上，会在其模拟电路板上排除其典型故障。

6.1.1　实践操作：C6140车床结构的认识及典型故障的排除

1　认识C6140车床的型号含义和主要结构

(1) 了解 C6140 车床的型号含义

C6140 车床的型号含义如图 6.1 所示。

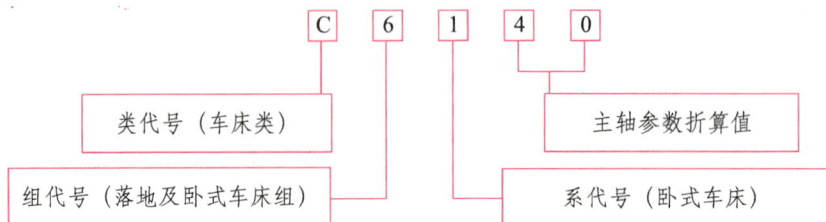

图6.1　C6140车床的型号含义

(2) 了解 C6140 车床的主要结构

C6140 型普通车床主要由床身、主轴箱、进给箱、溜板箱、方刀架、丝杠、光杠、尾架等部分组成（图 6.2）。车床的切削运动包括工件旋转的主运动和刀具的直线进给运动。车削速度指工件与刀具接触头的相对速度。

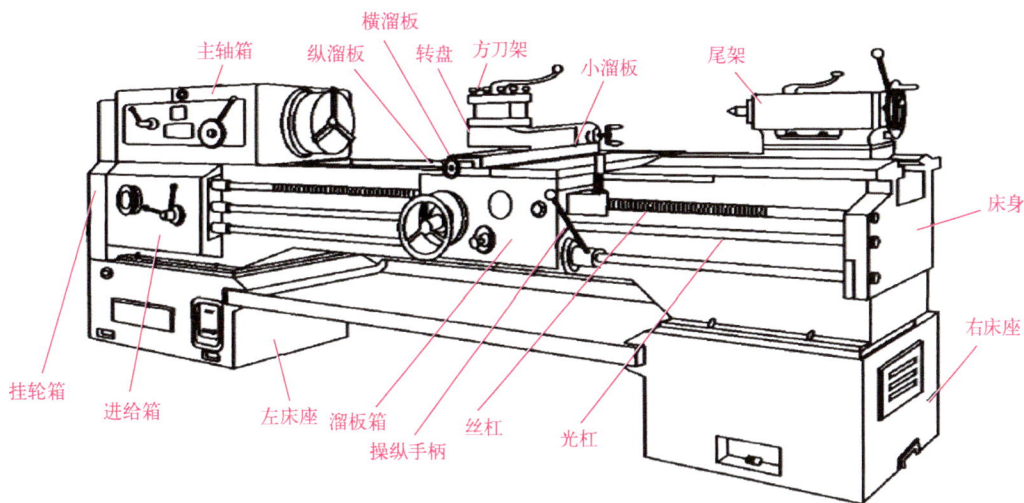

图6.2　C6140型普通车床外形图

2　连接C6140型普通车床控制电路并排除典型故障

步骤一　在实训室提供的成套 C6140 车床模拟电路板上，核对所用器材，并检测其质量是否可用，将核对检查情况记入表 6.1 中。

表 6.1　C6140 车床电路板元件器材明细表
亚龙维修电工通用挂板 WK006（CA6140 车床电路智能化实训考核挂板）

符号	名称	型号与规格	数量	检测结果是否可用
QF1	三相漏电开关	DZ47-60/10A	1	
FU1、FU2	主电路熔断器	RT18-60/25A	6	
FU3	控制电路熔断器	RT18-32	2	
KM1	交流接触器	CJ20-10，380V	1	
KM2	交流接触器	CJ20-10，380V	1	
KM3	交流接触器	CJ20-10，380V	1	
FR1、FR2	热继电器	JR36-20/3	2	

续表

符号	名称	型号与规格	数量	检测结果是否可用
SB1、SB2、SB3	按钮	LA10-2H	3	
M1、M2、M3	三相交流异步电动机		3	
	接线端子	JX2-1015,10A	适量	
	导线	BVR-$1.5mm^2$,$1mm^2$	适量	
	导线	BVR-$1mm^2$	适量	

步骤二 熟悉电路图及电路板上的元器件布局。C6140 型普通车床电气控制电路原理图如图 6.3 所示。

步骤三 电路连接完毕,仔细认真检查,确保正确无误。

步骤四 先用 500V 兆欧表检查电动机的绝缘,如绕组与绕组间、绕组对地间,所测绝缘电阻阻值必须不小于 $0.5M\Omega$ 方可使用,电机与挂板接线使用"安全型电工实验连线"。

步骤五 通电试验。在接线无误的前提下,接通电源,观察 C6140 型普通车床运转及控制效果。

步骤六 设置故障点。

步骤七 根据故障现象,在原理图中正确标出最小故障范围的线段,然后采用正确的检查和排故方法并在规定时间内排除故障(实训一次排除 3 种故障)。

特别提示

C6140型车床电路典型故障设置建议

1. 38—41 间断路　全部电动机均缺一相,所有控制回路失效。

2. 49—50 间断路　主轴电动机缺一相。

3. 52—53 间断路　主轴电动机缺一相。

4. 60—67 间断路　M2、M3电动机缺一相,控制回路失效。

5. 63—64 间断路　冷却泵电动机缺一相。

6. 75—76 间断路　冷却泵电动机缺一相。

7. 78—79 间断路　刀架快速移动电动机缺一相。

8. 84—85 间断路　刀架快速移动电动机缺一相。

9. 2—5 间断路　通电指示灯与其他控制均失效。

10. 4—28 间断路　控制回路失效。

11. 8—9 间断路　指示灯亮,其他控制均失效。

12. 15—16 间断路　主轴电动机不能起动。

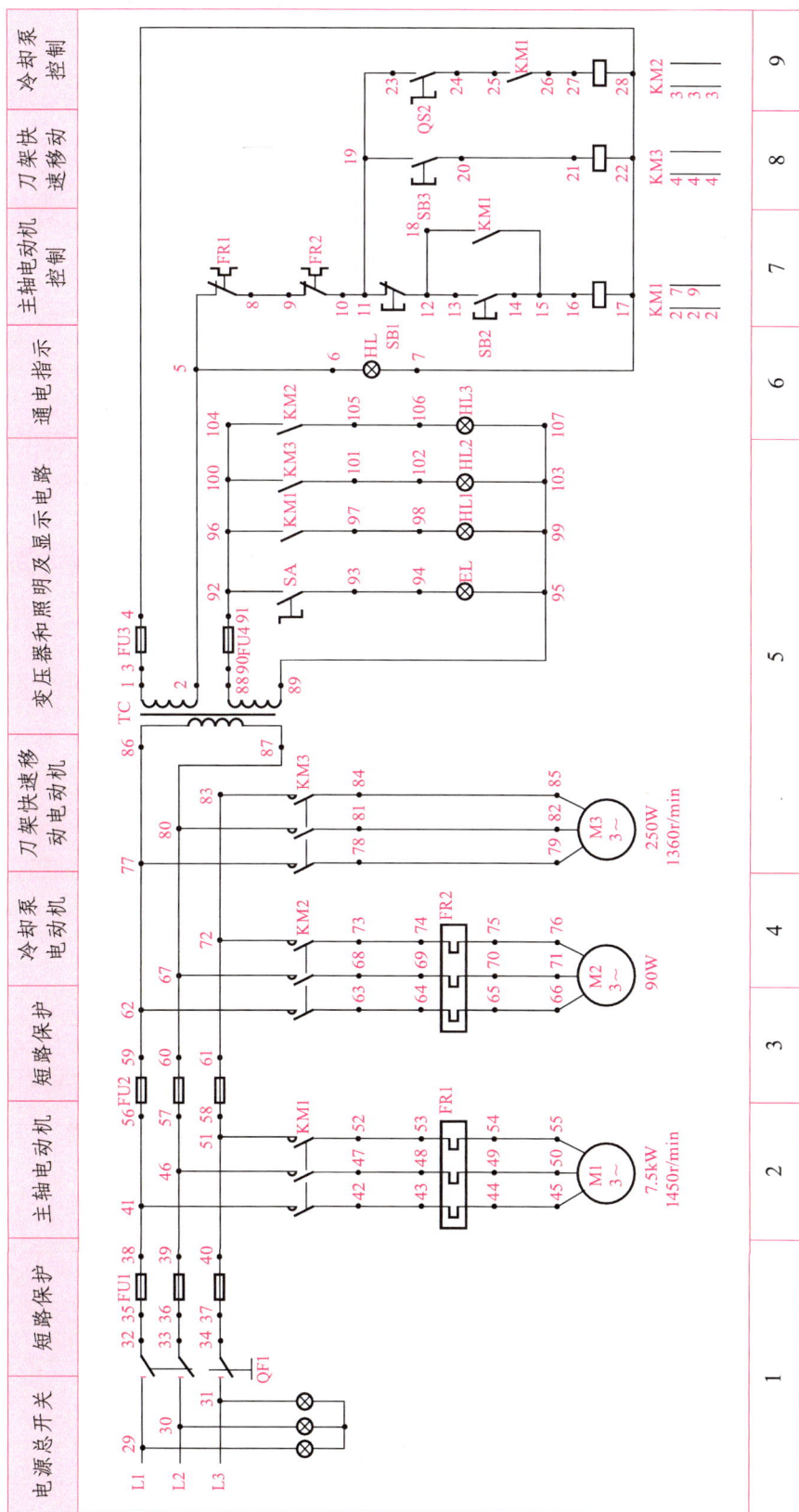

图6.3 C6140型普通车床电气控制电路原理图

13. 17—22 间断路　除刀架快速移动控制外其他控制失效。

14. 20—21 间断路　刀架快速移动电动机不起动，失效。

15. 22—27 间断路　机床控制均失效。

注意：

1. 检修前要熟悉 CA6140 车床电气控制线路的基本环节及控制要求。

2. 检修所使用工具、仪表应符合使用要求。

3. 排除故障时，必须修复故障点。

4. 检修时，严禁扩大故障范围或产生新的故障。

5. 带电检修时，必须有指导老师监护，以确保安全。

6.1.2　相关知识：C6140车床的电路结构与工作原理

1　主电路结构

主电路中共有三台电动机；M1 为主轴电动机，带动主轴旋转和刀架做进给运动；M2 为冷却泵电动机；M3 为刀架快速移动电动机。

三相交流电源通过转换开关 QF 引入。主轴电动机 M1 由接触器 KM1 控制起动，热继电器 FR1 为主轴电动机 M1 提供过载保护。冷却泵电动机 M2 由接触器 KM2 控制起动，热继电器 FR2 为它提供过载保护。刀架快速移动电动机 M3 由接触器 KM3 控制起动。

2　控制电路分析

控制电路的电源由控制变压器 TC 副边输出 110V 电压提供。

(1) 主轴电动机的控制

按下起动按钮 SB2，接触器 KM1 的线圈获电动作，其主触头闭合，主轴电动机起动运行。同时，KM1 的自锁触头和另一副常开触头闭合。其中 KM1（25—26）闭合，为起动冷却泵电动机做准备。按下停止按钮 SB1，主轴电动机 M1 停车。

(2) 冷却泵电动机控制

如果在车削加工过程中工艺需要使用冷却液时合上开关，在主轴电动机 M1 运转情况下，接触器 KM1 线圈获电吸合，其主触头闭合，冷却泵电动机获电而运行。由电气原理图可知，只有当主轴电动机 M1 起动后，冷却泵电动机 M2 才有可能起动，当 M1 停止运行时，M2 也自动停止运行。

(3) 刀架快速移动电动机的控制

刀架快速移动电动机 M3 的起动是由安装在进给操纵手柄顶端的按钮 SB3 来控制的，

它与 KM3 组成点动控制环节。将操纵手柄扳到所需的方向，压下按钮 SB3，KM3 线圈获电吸合，M3 起动，刀架就向指定方向快速移动。

3 照明、信号灯电路分析

控制变压器 TC 的副边分别输出 24V 和 6V 电压，作为机床低压照明灯和信号灯的电源。EL 为机床的低压照明灯，由开关 SA 控制；HL 为电源的信号灯。它们分别采用 FU4 和 FU3 进行短路保护。

6.1.3 实践操作检测与评价

在本任务实践操作完毕后，根据表 6.2 的所列项目和评分标准及学生操作情况在表中记下本次实践操作的成绩。

表 6.2 C6140 型车床控制电路排除故障成绩评定表

故障序号	排除故障情况			排除故障思路及方法			
	排除故障记录	配分	得分	思路及方法	配分	得分	评分标准
1		15			10		圈定故障范围正确每个得6分，正确排除故障每种得4分
2		15			10		
3		15			10		
正确使用仪表、工具				安全文明操作			
配分	10		得分		配分	15	得分
(1) 不使用仪表扣5分 (2) 错误使用仪表每次扣2分, 损坏仪表扣10分 (3) 使用仪表工具不规范每次扣3分				(1) 损坏元器件扣3~5分 (2) 不穿绝缘鞋扣3分 (3) 产生短路现象扣10分 (4) 发生事故扣15分			
备注	考试时间：45min；考题号由教师填写；评分记录涂改无效					成绩	

想一想

1. C6140 型普通车床主轴电动机不转动的可能原因是什么？

2. 串入冷却泵电路中的 KM1 (25—26) 接触不良会产生什么严重后果？

任务目标：

1. 理解 X62W 铣床电气控制电路的结构特点与工作原理；

2. 熟悉 X62W 铣床模拟电路板上的元器件及其布局；

3. 会在 X62W 型万能铣床模拟电路板上分析电路；

4. 会根据故障现象，检查判定故障范围，排除其典型故障。

任务描述：

根据工艺流程与要求正确排除 X62W 万能铣床控制电路的典型故障。

排除故障的流程：熟悉电路原理图→分析 X62W 万能铣床控制电路工作过程与原理→熟悉电路板上的元器件布局→检测线路→通电测试→验收→设置故障→排除故障→还原正确电路。

万能铣床是一种通用的多用途机床，它可以用圆柱铣刀、圆片铣刀、角度铣刀、成形铣刀及端面铣刀等刀具对各种零件进行平面、斜面、螺旋面及成形表面的加工。常用的万能铣床有两种：一种是 X62W 型卧式万能铣床；另一种是 X52K 立式万能铣床。这两种铣床在结构上大体相似，区别在于铣头的放置方向不同。本任务以 X62W 型卧式万能铣床为例进行分析与训练。

6.2.1 实践操作：万能铣床控制电路典型故障的排除

1 了解X62W万能铣床的型号含义

X62W 万能铣床的型号如图 6.4 所示。

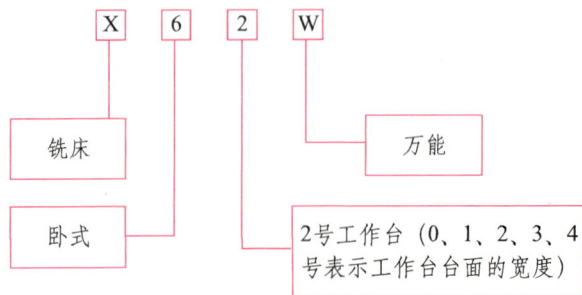

图6.4 X62W万能铣床的型号

2 了解X62W万能铣床的结构

X62W 万能铣床的结构如图 6.5 所示。

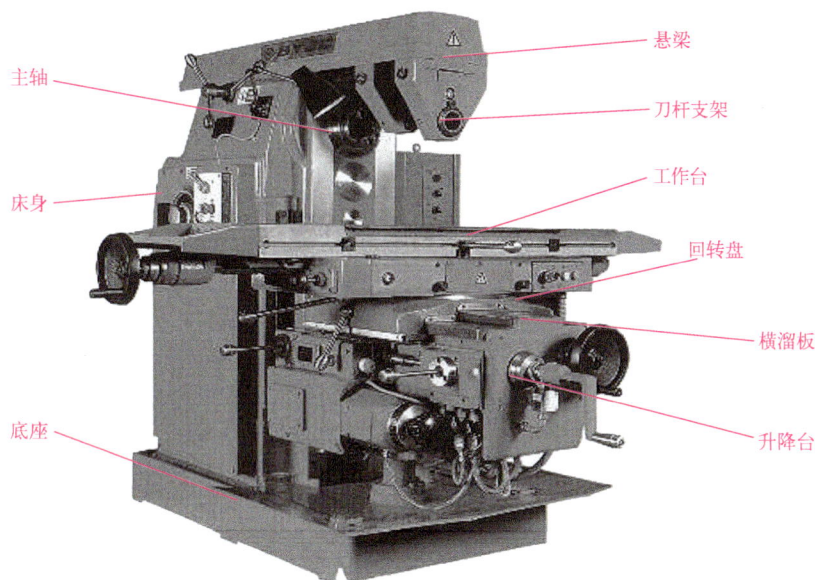

图6.5　X62W万能铣床的结构

从图 6.5 中可以看出，X62W 万能铣床主要由床身、主轴、刀杆支架、悬梁、工作台、回转盘、横溜板、升降台、底座等几部分组成。铣床是一种高效率的加工机床。铣床主轴带动铣刀的旋转运动是主运动；铣床工作台的前 / 后（横向）、左 / 右（纵向）和上 / 下（垂直）6 个方向的运动是进给运动；铣床的其他的运动（如工作台的旋转运动）属于辅助运动。

3 **连接X62W万能铣床控制电路并排除典型故障**

步骤一 在实训室提供的成套 X62W 铣床模拟电路板上，核对所用器材，并检测其质量，看是否可用。将核对检查情况记入表 6.3 中。

表 6.3　X62W 万能铣床电路板元件器材明细表

亚龙维修电工通用板 WK008（X62W 万能铣床电路智能化实训考核挂板）

符号	名称	型号与规格	数量	检测结果是否可用
QS1	三相漏电开关	DZ47-60 10A	1	
FU1、FU2	主电路熔断器	RL1-60 / 25A	6	
FU3	控制电路熔断器	RT18-32	2	
KM1~KM6	交流接触器	CJ20-10，380V	6	
SA	万能开关	LW5D-16	1	
SA	万能开关	LW6D-2	1	

符号	名称	型号与规格	数量	检测结果是否可用
FR1、FR2、FR3	热继电器	JR36-20/3	3	
	主令开关	LS1-1、LS2-2	4	
M1、M2、M3	三相交流异步电动机		3	
	接线端子	JX2-1015，10A	适量	
	导线	BVR-1.5mm^2，1mm^2	适量	
	导线	BVR-1mm^2	适量	

步骤二　熟悉电路图及电路板上的元器件布局。X62W 万能铣床电气控制电路原理图如图 6.6 所示。

步骤三　电路连接完毕，仔细认真检查，确保正确无误。

步骤四　先用 500V 兆欧表检测电动机的绝缘电阻，如绕组与绕组间、绕组对地间，所测绝缘电阻阻值必须不小于 0.5MΩ 方可使用，电机与挂板接线使用"安全型电工实验连线"。

步骤五　通电试验。在接线无误的前提下，接通电源，观察 X62W 万能铣床运转效果。

步骤六　设置故障点。

步骤七　根据故障现象，在原理图中正确标出最小故障范围的线段，然后采用正确的检查和排故方法并在定额时间内排除故障（实训一次，排除 3 种故障）。

特别提示

X62W万能铣床电路典型故障设置建议

1. 98—105 间断路　主轴电动机正反转均缺一相，进给电动机、冷却泵缺一相，控制变压器及照明变压均没电。

2. 113—114 间断路　主轴电动机无论正转还是反转均缺一相。

3. 144—159 间断路　进给电动机反转缺一相。

4. 161—162 间断路　快速进给电磁铁不动作。

5. 170—180 间断路　照明及控制变压器没电，照明灯不亮，控制回路失效。

6. 181—182 间断路　控制变压器没电，控制回路失效。

7. 184—187 间断路　照明灯不亮。

8. 2—12 间断路　控制回路失效。

9. 1—3 间断路　控制回路失效。

10. 22—23 间断路　主轴制动失效。

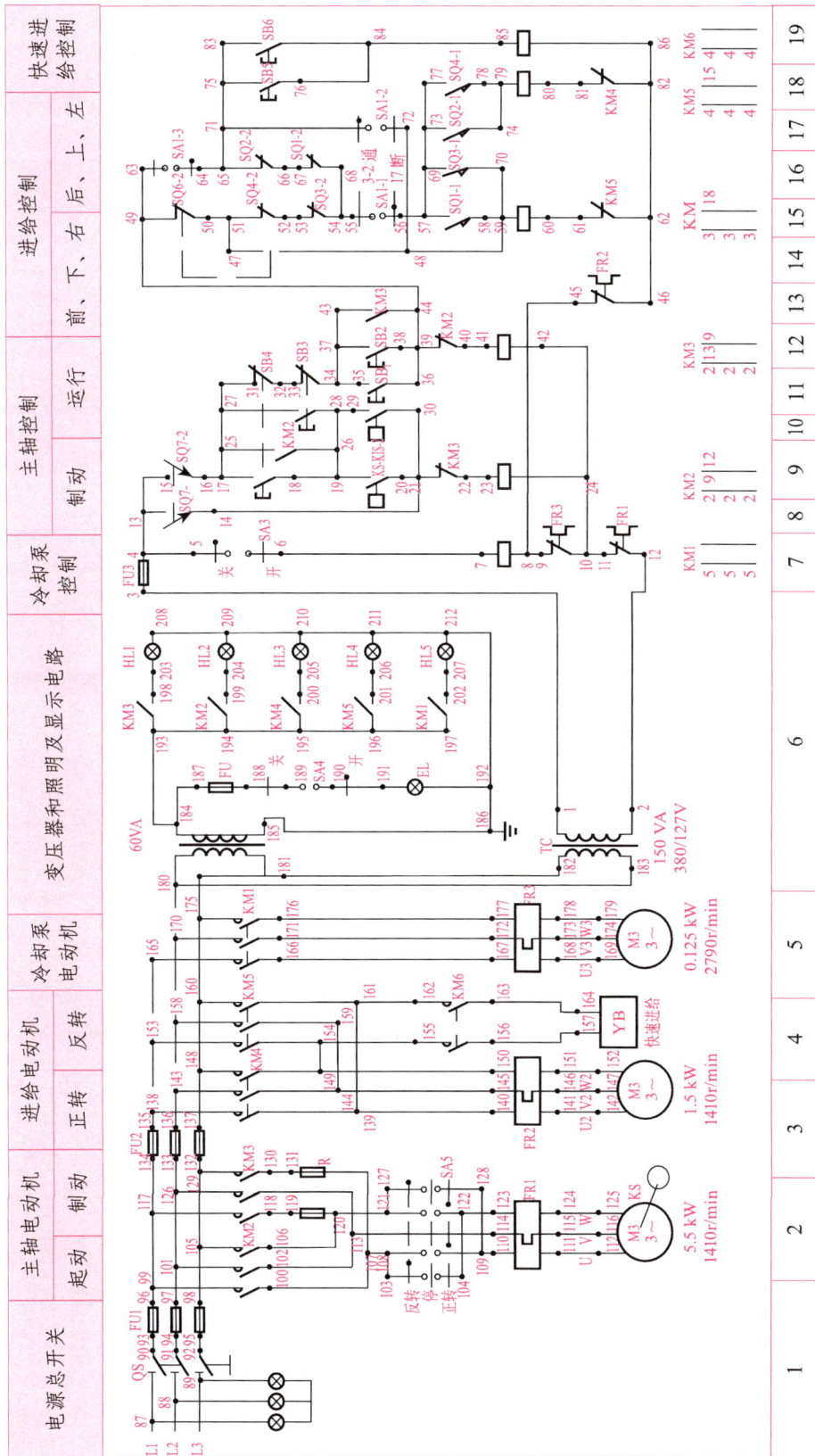

图6.6 X62W万能铣床电气控制电路原理图

11. 40—41 间断路　主轴不能起动。

12. 24—42 间断路　主轴不能起动。

13. 8—45 间断路　工作台进给控制失效。

14. 60—61 间断路　工作台向下、向右、向前进给控制失效。

15. 80—81 间断路　工作台向后、向上、向左进给控制失效。

16. 82—86 间断路　两处快速进给全部失效。

注意：

1. 检修前要认真阅读电路图，熟练掌握各个控制环节的原理及作用。由于铣床的电气控制和机械机构配合十分密切，因此应注意判断故障是机械故障还是电气故障。

2. 停电要验电。带点检修时，必须有指导教师在现场监护，以确保用电安全。

3. 正确使用工具和仪表。

6.2.2　相关知识：X62W万能铣床的电路结构与工作原理

1 主轴电动机的控制

控制线路的起动按钮 SB1 和 SB2 是异地控制按钮，方便操作；SB3 和 SB4 是停止按钮。KM3 是主轴电动机 M1 的起动接触器，KM2 是主轴反接制动接触器；SQ7 是主轴变速冲动开关，KS 是速度继电器。

(1) 主轴电动机的起动

起动前先合上电源开关 QS，再把主轴转换开关 SA5 扳到所需要的旋转方向，然后按起动按钮 SB1（或 SB2），接触器 KM3 获电动作，其主触头闭合，主轴电动机 M1 起动。

(2) 主轴电动机的停车制动

当铣削完毕，需要主轴电动机 M1 停车时，电动机 M1 运转速度在 120r/min 以上，速度继电器 KS 的常开触头闭合（9区或10区），为停车制动做准备。当要 M1 停车时，就按下停止按钮 SB3（或 SB4），KM3 断电释放，由于 KM3 主触头断开，电动机 M1 断电进行惯性运转，紧接着接触器 KM2 线圈获电吸合，电动机 M1 串电阻 R 反接制动。当转速降至 120 r/min 以下时，速度继电器 KS 常开触头断开，接触器 KM2 断电释放，停车反接制动结束。

(3) 主轴的冲动（主轴变速的瞬时点动）控制

主轴变速操作箱装在床身左侧窗口上，主轴变速由一个变速手柄和一个变速盘来实现。主轴变速时的冲动控制，是利用变速手柄与冲动控制位置开关 SQ7 通过机械上的联动机构进行控制的。

> **注意**：主轴变速前应先停车。当需要主轴冲动时，按下冲动开关SQ7，SQ7的常闭触头SQ7—2先断开，而后常开触头SQ7—1闭合，使接触器KM2通电吸合，电动机M1起动，冲动完成。

2 工作台进给电动机控制

转换开关 SA1 是控制圆工作台的，在不需要圆工作台运动时，转换开关扳到"断开"位置，此时 SA1—1 闭合，SA1—2 断开，SA1—3 闭合；当需要圆工作台运动时将转换开关扳到"接通"位置，SA1—1 断开，SA1—2 闭合，SA1—3 断开。

(1) 工作台纵向进给

工作台的左右（纵向）运动是由装在床身两侧的转换开关与开关 SQ1、SQ2 来完成的，需要进给时把转换开关扳到"纵向"位置，按下开关 SQ1，常开触头 SQ1—1 闭合，常闭触头 SQ1—2 断开，接触器 KM4 通电吸合，电动机 M2 正转，工作台向右运动；当工作台要向左运动时，按下开关 SQ2，常开触头 SQ2—1 闭合，常闭触头 SQ2—2 断开，接触器 KM5 通电吸合电动机 M2 反转工作台向左运动。在工作台上设置有一块挡铁，两边各设置有一个行程开关，当工作台纵向运动到极限位置时，挡铁撞到位置开关，工作台停止运动，从而实现纵向运动的终端保护。

(2) 工作台升降和横向（前后）进给

由于该铣床无机械机构不能完成复杂的机械传动，方向进给只能通过操纵装在床身两侧的转换开关与开关 SQ3、SQ4 来完成工作台上下和前后运动。在工作台上也分别设置有一块挡铁，两边各设置有一个行程开关，当工作台升降和横向运动到极限位置时，挡铁撞到位置开关，工作台停止运动，从而实现纵向运动的终端保护。

1) 工作台向上（下）运动。在主轴电动机起动后,把装在床身一侧的转换开关扳到"升降"位置，再按下位置开关 SQ3（SQ4），SQ3（SQ4）常开触头闭合，SQ3（SQ4）常闭触头断开，接触器 KM4（KM5）通电吸合，电动机 M2 正（反）转，工作台向下（上）运动。到达预定的位置时松开按钮，工作台停止运动。

2) 工作台向前（后）运动。在主轴电动机起动后，把装在床身一侧的转换开关扳到"横向"位置再按下位置开关 SQ3（SQ4），SQ3（SQ4）常开触头闭合，SQ3（SQ4）常闭触头断开,接触器 KM4（KM5）通电吸合电动机 M2 正（反）转,工作台向前（后）运动。到达预定的位置时松开按钮，工作台停止运动。

3 控制电路之间的联锁关系

当真实机床在上、下、前、后四个方向进给时，又操作纵向控制这两个方向的进给，将造成机床重大事故，所以必须联锁保护。当上、下、前、后四个方向进给时，若操作纵向任一方向，SQ1—2 或 SQ2—2 两个开关中的一个被压开，接触器 KM4（KM5）立刻失电，电动机 M2 停转，从而得到保护。

同理，当纵向操作时又操作某一方向而选择了向左或向右进给时，SQ1 或 SQ2 被压着，它们的常闭触头 SQ1—2 或 SQ2—2 是断开的，接触器 KM4 或 KM5 都由 SQ3—2 和 SQ4—2 接通。若发生误操作，而选择上、下、前、后某一方向的进给，就一定使 SQ3—2 或 SQ4—2 断开，使 KM4 或 KM5 断电释放，电动机 M2 停止运转，避免了机床事故。

(1) 进给冲动

真实机床为使齿轮进入良好的啮合状态，将变速盘向里推。在推进时，挡块压动位置开关 SQ6，首先使常闭触头 SQ6—2 断开，然后常开触头 SQ6—1 闭合，接触器 KM4 通电吸合，电动机 M2 起动。但它并未转起来，位置开关 SQ6 已复位，首先断开 SQ6—1，然后闭合 SQ6—2。接触器 KM4 失电，电动机失电停转。这样一来，电动机接通一下电源，齿轮系统产生一次抖动，使齿轮啮合顺利进行。需要冲动时，按下冲动开关 SQ6 模拟冲动。

(2) 工作台的快速移动

在工作台向某个方向运动时，按下按钮 SB5 或 SB6（两地控制），接触器 KM6 通电吸合，它的常开触头（4 区）闭合，电磁铁 YB 通电（指示灯亮）模拟快速进给。

(3) 圆工作台的控制

把圆工作台控制开关 SA1 扳到"接通"位置，此时 SA1—1 断开，SA1—2 接通，SA1—3 断开，主轴电动机起动后，圆工作台即开始工作，其控制电路是：

电源—SQ4—2—SQ3—2—SQ1—2—SQ2—2—SA1—2—KM4 线圈—电源。

接触器 KM4 通电吸合，电动机 M2 运转。

真实铣床为了扩大机床的加工能力，可在机床上安装附件圆工作台，这样可以进行圆弧或凸轮的铣削加工。拖动时，所有进给系统均停止工作，只让圆工作台绕轴心回转。该电动带动一根专用轴，使圆工作台绕轴心回转，铣刀铣出圆弧。在圆工作台开动时，其余进给一律不准运动，若有误操作动了某个方向的进给，则必然会使开关 SQ1 ~ SQ4 中的某一个常闭触头断开，使电动机停转，从而避免机床事故的发生。按下主轴停止按钮 SB3 或 SB4，主轴停转，圆工作台也停转。

4 冷却、照明控制

要起动冷却泵时扳开关 SA3，接触器 KM1 通电吸合，电动机 M3 运转，冷却泵起动。机床照明是由变压器 T 供给 36V 电压，工作灯由 SA4 控制。

6.2.3 实践操作检测与评价

在任务实践操作完毕后，根据表 6.4 的所示项目和评分标准及学生操作情况，在表中记下本次实践操作的成绩。

表 6.4　X62W 型铣床控制电路排除故障成绩评定表

故障序号	排除故障情况			排除故障思路及方法			
	排除故障记录	配分	得分	思路及方法	配分	得分	评分标准
1		15			10		圈定故障范围正确每个得6分，正确排除故障每种得4分
2		15			10		
3		15			10		

正确使用仪表、工具			安全文明操作		
配分	10	得分	配分	15	得分
(1) 不使用仪表扣5分 (2) 错误使用仪表每次扣2分，损坏仪表扣10分 (3) 使用仪表工具不规范每次扣3分			(1) 损坏元器件扣3～5分 (2) 不穿绝缘鞋扣3分 (3) 产生短路现象扣10分 (4) 发生事故扣15分		
备注	考试时间：45min； 考题号由教师填写； 评分记录涂改无效				成绩

想一想

1. X62W万能铣床主轴不能起动会是什么原因引起的？
2. X62W万能铣床控制变压器TC输出绕组开路，会出现怎样的效果？

X62W 型铣床电气控制电路排除故障也不是很难的哦!

任务 *6.3* 排除M7120平面磨床控制电路的典型故障

任务目标：

1. 理解 M7120 磨床电气控制电路的结构特点工作原理；

2. 熟悉 M7120 磨床模拟电路板上的元器件及其布局；

3. 会在 M7120 平面磨床模拟电路板上分析电路；

4. 会根据故障现象，检查判定故障范围，排除其典型故障。

任务描述：

根据工艺流程与要求正确排除 M7120 平面磨床控制电路的典型故障。

排除故障的流程：熟悉电路原理图→分析 M7120 平面磨床控制电路工作过程与原理→熟悉电路板上的元器件布局→检测线路→通电测试→验收→设置故障→排除故障→还原正确电路。

磨床是用砂轮的周边或端面对工件的表面进行机械加工的一种精密机床。磨床的种类很多，根据用途不同可分为平面磨床、内圆磨床、外圆磨床、无心磨床等。平面磨床是用砂轮磨削加工各种零件平面的磨床。本任务以 M7120 平面磨床为例对磨床控制电路典型故障进行分析和排除。

6.3.1 实践操作：平面磨床控制电路典型故障的排除

1 了解M7120平面磨床的型号含义

M7120 平面磨床的型号含义如图 6.7 所示。

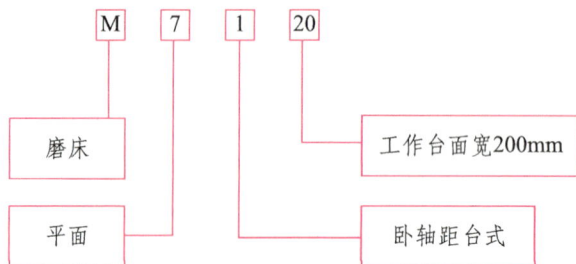

图6.7 M7120平面磨床的型号含义

2 了解M7120平面磨床的主要结构

M7120 平面磨床的主要结构如图 6.8 所示。

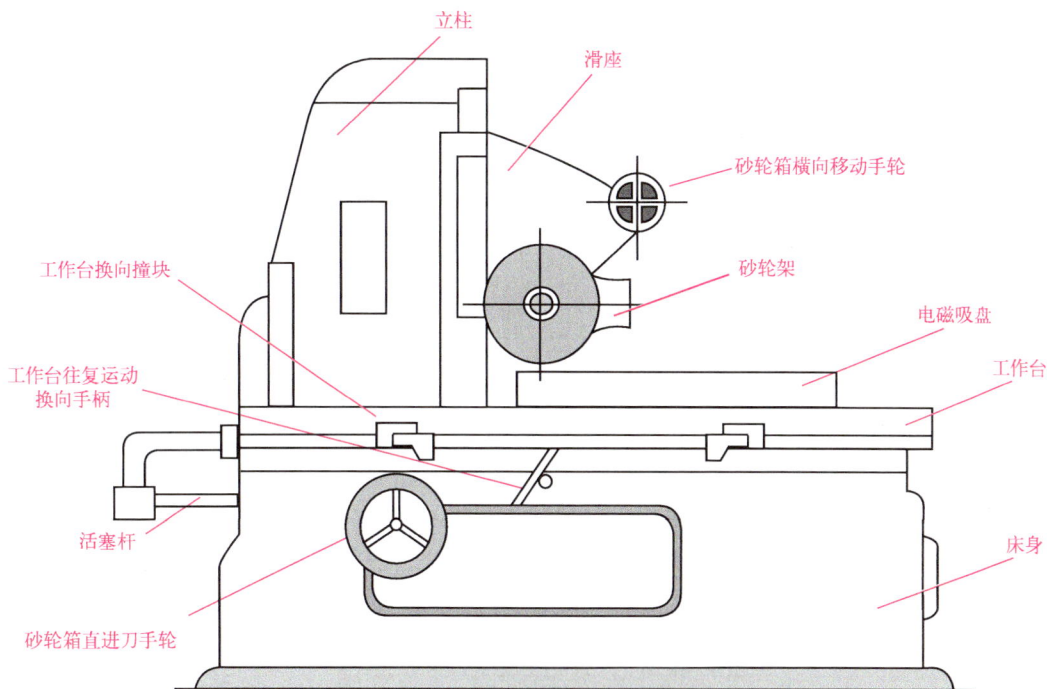

图6.8　M7120平面磨床的主要结构

M7120 平面磨床是卧轴矩形工作台式，其结构如图 6.8 所示，主要由床身、工作台、电磁吸盘、砂轮架、滑座和立柱等部分组成。

特别提示

磨床的主要运动是砂轮的快速旋转，辅助运动是工作台的纵向往复运动以及砂轮架的横向和垂直进给运动。工作台每完成一次纵向往复运动，砂轮架横向进给一次，从而能连续地加工整个平面。当整个平面磨完一遍后，砂轮架在垂直于工件表面的方向移动一次，称为吃刀。通过吃刀运动可将工件尺寸磨到所需尺寸。

3 **连接M7120平面磨床控制电路并排除典型故障**

M7120 平面磨床控制电路所需器材如表 6.5 所示。

步骤一　在实训室提供的成套 M7120 磨床模拟电路板上，核对所用器材，并检测其质量是否可用。将核对检查情况记入表 6.5 中。

表 6.5　M7120 平面磨床电路板元件器材明细表

亚龙维修电工通用挂板 WK013（M7120 平面磨床电路智能化实训考核挂板）

符号	名称	型号与规格	数量	检测结果是否可用
QF	三相漏电开关	DZ47LF-32	1	
FU1	主电路熔断器	RL／4-20	6	
FU2	主电路熔断器	RT8-30	1	
FU3	控制电路熔断器	RT18-30	2	
SQ	十字开关	LS1-1	1	
SQ1～SQ4	行程开关	LX19-001	4	
KM1～KM6	交流接触器	CJ20-10，380V	6	
FR1～FR3	热继电器	JR36-20/3	3	
SB1、SB2、SB3	按钮	LA10-2H	3	
	牵引电磁铁	MQ1-127V	1	
M	三相交流异步电动机		4	
	接线端子	JX2-1015，10A	适量	
	导线	BVR-1.5mm^2，1mm^2	适量	
	导线	BVR-1mm^2	适量	

步骤二　熟悉电路图及电路板上的元器件布局。M7120 平面磨床电气控制电路原理图如图 6.9 所示。

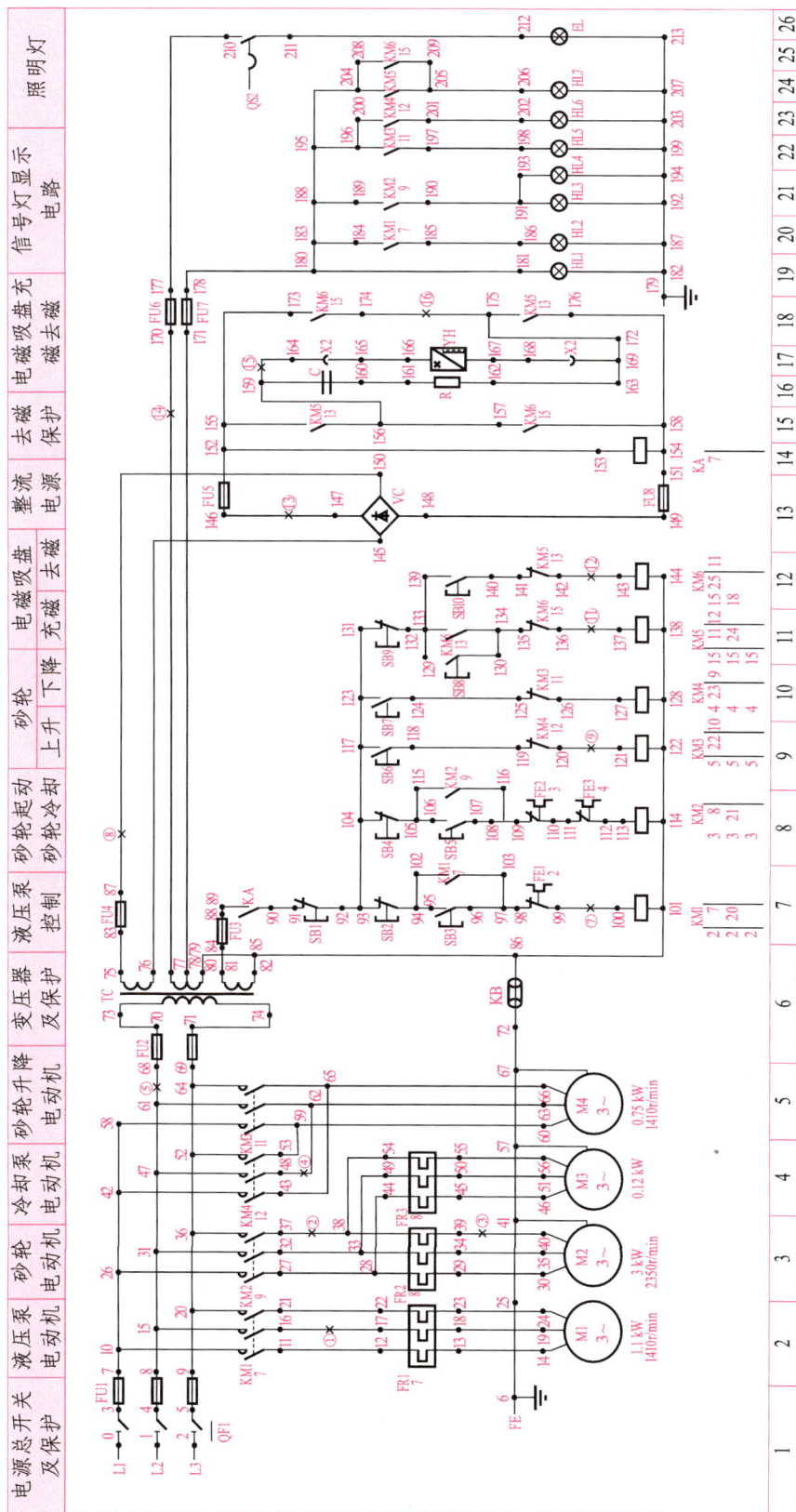

图6.9 M7120平面磨床电气控制电路原理图

步骤三　电路连接完毕，仔细认真检查，确保正确无误。

步骤四　先用500V兆欧表检测电动机的绝缘电阻，如绕组与绕组间、绕组对地间，所测绝缘电阻阻值必须不小于0.5MΩ方可使用，电机与挂板接线使用"安全型电工实验连线"。

步骤五　通电试验。在接线无误的前提下，接通电源，观察M7120平面磨床运转及控制效果。

步骤六　设置故障点。

步骤七　根据故障现象，在原理图中正确标出最小故障范围的线段，然后采用正确的检查和排故方法并在定额时间内排除故障。

特别提示

M7120平面磨床电路典型故障设置建议

1. 68–69 间断路　油泵电动机缺一相。

2. 183–184 间断路　照明灯EL不亮。

3. 134–135 间断路　工件电动机正转失效。

4. 108–109 间断路　冷却泵电动机缺一相。

5. 124–125 间断路　油泵电动机失效。

6. 207–208 间断路　冷却泵电动机工作指示灯不亮。

7. 20–21 间断路　外圆砂轮电动机缺一相。

8. 39–40 间断路　工件电动机正、反转都缺一相。

9. 144–145 间断路　内外圆砂轮电动机均失效。

10. 49–50 间断路　工件电动机正转缺一相。

11. 171–173 间断路　冷却泵电动机失效。

12. 203–204 间断路　外圆砂轮机工作指示灯不亮。

13. 88–89 间断路　内圆砂轮电动机缺一相。

14. 18–19 间断路　外圆砂轮机缺一相。

15. 191–192 间断路　工件电动机慢速运转指示灯不亮。

注意：

1. 检修前要认真阅读电路图，熟练掌握各个控制环节的原理及作用。

2. 在安装调试过程中，工具、仪表要正确使用。

3. 停电要验电。带点检修时，必须有指导教师在现场监护，以确保用电安全。

6.3.2　相关知识：M7120平面磨床的电路结构与工作原理

M7120 型平面磨床的电气控制线路可分为主电路、控制电路、电磁吸盘控制电路及照明与指示灯电路四部分。

1　主电路分析

主电路中共有四台电动机，其中 M1 是液压泵电动机，实现工作台的往复运动；M2 是砂轮电动机，带动砂轮转动来磨削加工工件；M3 是冷却泵电动机。它们只要求单向旋转，分别用接触器 KM1、KM2 控制。冷却泵电动机 M3 在砂轮电动机 M2 运转后才能运转。M4 是砂轮升降电动机，用于在磨削过程中调整砂轮和工件之间的位置。

M1、M2、M3 是长期工作的，所以都装有过载保护装置。M4 是短期工作的，不设过载保护。四台电动机共用一组熔断器 FU1 进行短路保护。

2　控制电路分析

(1) 液压泵电动机 M1 的控制

合上总开关 QS1 后，整流变压器一个副边输出 130V 交流电压，经桥式整流器 VC 整流后得到直流电压，使电压继电器 KA 获电动作，其常开触头（7 区）闭合，为起动电动机做准备。如果 KA 不能可靠动作，各电动机均无法运行。因为平面磨床靠直流电磁吸盘的吸力将工件吸牢在工作台上，只有具备可靠的直流电压，才允许起动砂轮和液压系统，以保证安全。

当 KA 吸合后，按下起动按钮 SB3，接触器 KM1 通电吸合并自锁，液压泵电动机 M1 起动运转，HL2 灯亮。若按下停止按钮 SB2，接触器 KM1 线圈断电释放，电动机 M1 断电停转。

(2) 砂轮电动机 M2 及冷却泵电动机 M3 的控制

按下起动按钮 SB5，接触器 KM2 线圈获电动作，砂轮电动机 M2 起动运转。由于冷却泵电动机 M3 与 M2 联动控制，所以 M3 与 M2 同时起动运转。按下停止按钮 SB4 时，接触器 KM3 线圈断电释放，M2 与 M3 同时断电停转。

两台电动机的热继电器 FR2 和 FR3 的常闭触头都串联在 KM2 中，只要有一台电动机过载，KM2 就失电。因切削液循环使用，经常混有污垢杂质，很容易引起电动机 M3 过载，故用热继电器 FR3 进行过载保护。

(3) 砂轮升降电动机 M4 的控制

砂轮升降电动机只有在调整工件和砂轮之间的位置时才使用，所以用点动控制。当按下点动按钮 SB6，接触器 KM3 线圈获电吸合，电动机 M4 起动正转，砂轮上升。到达所需位置时，松开 SB6，KM3 线圈断电释放，电动机 M4 停转，砂轮停止上升。

按下点动按钮 SB7，接触器 KM4 线圈获电吸合，电动机 M4 起动反转，砂轮下降。

到达所需位置时，松开 SB7，KM4 线圈断电释放，电动机 M4 停转，砂轮停止下降。

为了防止电动机 M4 的正、反转线路同时接通，在对方线路中串入接触器 KM4 和 KM3 的常闭触头进行联锁控制。

3 电磁吸盘控制电路分析

电磁吸盘是固定加工工件的一种夹具。利用通电导体在铁心中产生的磁场吸牢铁磁材料的工件，以便加工。与机械夹具比较，电磁吸盘具有夹紧迅速、不损伤工件、一次能吸牢若干个小工件以及工件发热可以自由伸缩等优点，因而它在平面磨床上应用十分广泛。

电磁吸盘的控制电路包括整流装置、控制装置和保护装置 3 个部分。

1）整流装置由变压器 TC 和单相桥式全波整流器 VC 组成，供给 120V 直流电源。

2）控制装置由按钮 SB8、SB9、SB10 和接触器 KM5、KM6 等组成。

① 充磁过程。按下充磁按钮 SB8，接触器 KM5 线圈获电吸合，KM5 主触头（15 区、18 区）闭合，电磁吸盘 YH 线圈获电，工作台充磁吸住工件。同时其自锁触头闭合，联锁触头断开。

磨削加工完毕，需取下加工完成的工件时，先按 SB9，切断电磁吸盘 YH 的直流电源，由于吸盘和工件都有剩磁，所以需要对吸盘和工件进行去磁。

② 去磁过程。按下点动按钮 SB10，接触器 KM6 线圈获电吸合，KM6 的两副主触头（15 区、18 区）闭合，电磁吸盘通入反相直流电，使工作台和工件去磁。去磁时，为防止因时间过长使工作台反向磁化，再次吸住工件，接触器 KM6 采用点动控制。

3）保护装置由放电电阻 R、电容 C 和零压继电器 KA 组成。

电阻 R 和电容 C 的作用是：电磁吸盘是一个大电感，在充磁吸引工件时，存贮有大量磁场能量。当它脱离电源的瞬间，电磁吸盘 YH 的两端产生较大的自感电动势，会使线圈和其他电器损坏，故用电阻和电容组成放电回路。利用电容 C 两端的电压不能突变的特点，使电磁吸盘线圈两端电压变化趋于缓慢，利用电阻 R 消耗电磁能量，如果参数选配得当，此时 R-L-C 电路可以组成一个衰减振荡电路，将对去磁十分有利。在加工过程中，若电源电压不足，则电磁吸盘将无法吸牢工件，导致工件被砂轮打出，造成严重事故，因此，在电路中设置了零压继电器 KA，将其线圈并联在直流电源上，其常开触头（7 区）串联在液压泵电动机和砂轮电动机的控制电路中，若电磁吸盘无法吸牢工件，KA 就会释放，使液压泵电动机和砂轮电动机停转，从而保证安全。

4 照明和指示灯电路分析

图 6.9 中 EL 为照明灯，其工作电压为 36V，由变压器 TC 供给。QS2 为照明开关。

HL1、HL2、HL3、HL4、HL5、HL6 和 HL7 为指示灯，其工作电压为 6.3V，也由变

压器 TC 供给，7 个指示灯的作用如下。

1）HL1 亮，表示控制电路的电源正常；不亮，表示电源有故障。

2）HL2 亮，表示液压泵电动机 M1 处于运转状态，工作台正在进行往复运动；不亮，表示 M1 停转。

3）HL3、HL4 亮，表示砂轮电动机 M2 及冷却泵电动机 M3 处于运转状态；不亮，表示 M2、M3 停转。

4）HL5 亮，表示砂轮升降电动机 M4 处于上升工作状态；不亮，表示 M4 停转。

5）HL6 亮，表示砂轮升降电动机 M4 处于下降工作状态；不亮，表示 M4 停转。

6）HL7 亮，表示电磁吸盘 YH 处于工作状态（充磁和去磁）；不亮，表示电磁吸盘未工作。

6.3.3　实践操作检测与评价

实训完毕后，教师根据表 6.6 所列项目和评分标准及学生操作情况在表中记下本任务的成绩。

表 6.6　M7120 型磨床控制电路排除故障成绩评定表

故障序号	排除故障情况			排除故障思路及方法			
	排除故障记录	配分	得分	思路及方法	配分	得分	评分标准
1		15			10		圈定故障范围正确每个得6分，正确排除故障每种得4分
2		15			10		
3		15			10		

正确使用仪表、工具			安全文明操作		
配分	10	得分	配分	15	得分
(1) 不使用仪表扣5分 (2) 错误使用仪表每次扣2分，损坏仪表扣10分 (3) 使用仪表工具不规范每次扣3分			(1) 损坏元器件扣3～5分 (2) 不穿绝缘鞋扣3分 (3) 产生短路现象扣10分 (4) 发生事故扣15分		
备注	考试时间：45min； 考题号由教师填写； 评分记录涂改无效				成绩

想一想

1. M7120平面磨床电磁吸盘吸引力不足，会造成什么后果？
2. 电磁吸盘充磁和去磁的过程是怎样的？

任务 6.4　排除T68镗床控制电路的典型故障

任务目标：

1. 理解 T68 镗床电气控制电路的结构特点与工作原理；
2. 熟悉 T68 镗床模拟电路板上的元器件及其布局；
3. 会在 T68 镗床模拟电路板上分析电路；
4. 会根据故障现象，检查判定故障范围，排除其典型故障。

任务描述：

根据工艺流程与要求正确排除 T68 镗床控制电路的典型故障。

排除故障的流程：熟悉电路原理图→分析 T68 镗床电气控制电路工作过程与原理→熟悉电路板上的元器件布局→检测线路→通电测试→验收→设置故障→排除故障→还原正确电路。

镗床是一种精密的加工机床，主要用于加工各种复杂和大型工件。按用途的不同，镗床可分为卧式镗床、立式镗床、坐标镗床、专用镗床。生产中广泛应用的是卧式镗床。它的镗刀主轴水平放置，是一种多用途的金属切削机床，除镗孔外，还可以进行钻、扩、铰孔、车削内外螺纹，车外圆柱面和端面等多种工作。本任务以 T68 卧式镗床为例进行典型故障分析，并通过实训、练习排除镗床典型故障的技能。

6.4.1　实践操作：镗床控制电路典型故障的排除

1　了解T68镗床的型号含义

T68 镗床的型号含义如图 6.10 所示。

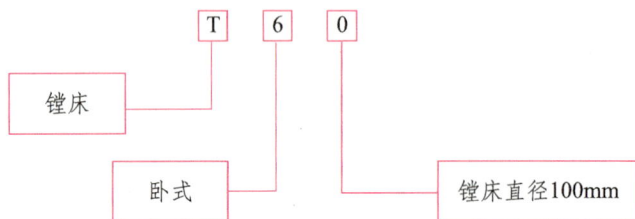

图6.10　T68镗床的型号含义

2 了解T68镗床的主要结构

T68 镗床的主要结构如图 6.11 所示。

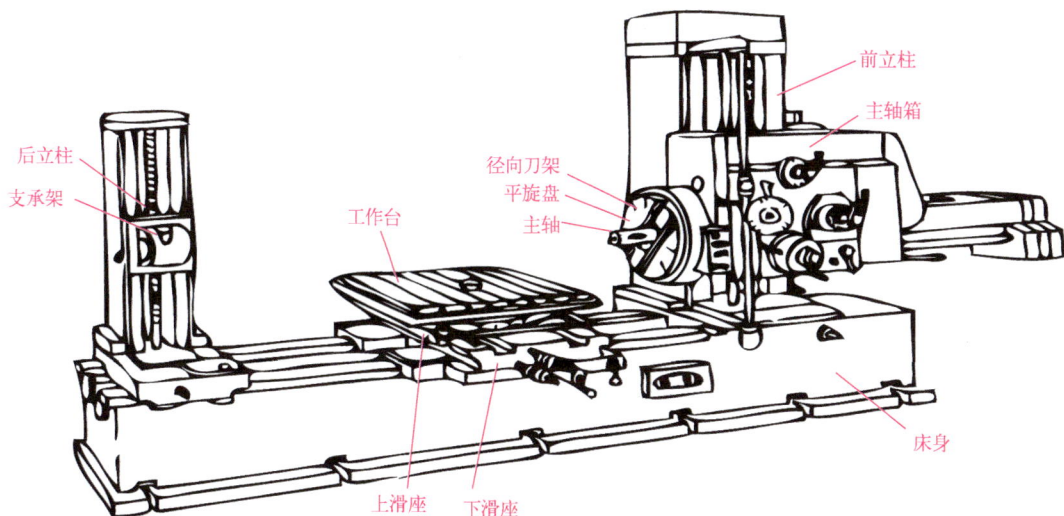

图6.11　T68镗床的主要结构

特 别 提 示

　　镗床床身由整体铸件制成，在它的一端装着固定不动的前立柱，在前立柱的垂直导轨上装有主轴箱，它可上、下移动，并由悬挂在前立柱空心部分内的对重来平衡，在主轴箱上集中安装了主轴部件、变速箱、进给箱与操纵机构等部件。

　　切削刀具安装在主轴前端的锥孔里，或装在平旋盘的径向刀架上，在工作过程中，主轴一面旋转，一面沿轴向做进给运动。

　　平旋盘只能旋转，装在它上面的径向刀架可以在垂直于主轴轴线方向的径向做进给运动，平旋盘主轴是空心轴，主轴穿过其中空部分，通过各自的传动链传动，因此可独立转动，在大部分工作情况下使用主轴加工，只有在用车刀切削端面时才使用平旋盘。

　　后立柱上的支承架用来夹持装夹在主轴上的主轴杆末端，它可以随主轴箱同时升降，因而两者的轴心线始终在同一直线上，后立柱可沿床身导轨在主轴轴线方向上调整位置。

　　安装工件的工作台安放在床身中部的导轨上，它有下滑座、上滑座，与工作台相对的上滑座可回转。这样，工作台的横向、纵向移动和回转配合主轴箱的垂直移动，就可加工工件上一系列与轴心线相互平行或垂直的孔。

3 连接T68镗床控制电路并排除典型故障

步骤一 在实训室提供的成套T68镗床模拟电路板上核对所用器材，并检测其质量，看是否可用。将核对检查情况记入表 6.7 中。

表 6.7 T68 镗床电路板元件器材明细表

亚龙维修电工通用挂板 WK007（T68 镗床电路智能化实训考核挂板）

符号	名称	型号与规格	数量	检测结果是否可用
QS1	三相漏电开关	DZ47-60 / 10A	1	
FU1、FU2	主电路熔断器	RL1-60 / 25A	6	
FU3	控制电路熔断器	RT18-32	2	
KM1～KM7	交流接触器	CJ20-10，380V	7	
FR	热继电器	JR36-20 / 3	1	
KT	时间继电器	JS7-2A	1	
	主令开关	LS1-1	7	
	三相交流异步电动机		1	
	双速电动机		1	
	接线端子	JX2-1015，10A	适量	
	导线	BVR-1.5mm^2，1mm^2	适量	
	导线	BVR-1mm^2	适量	

步骤二 熟悉电路图及电路板上的元器件布局。T68 镗床电气控制电路原理图如图 6.12 所示。

步骤三 电路连接完毕，仔细认真检查，确保正确无误。

步骤四 先用 500V 兆欧表检查电动机的绝缘电阻，如绕组与绕组间、绕组对地间，所测绝缘电阻阻值必须不小于 0.5MΩ 方可使用，电机与挂板接线使用"安全型电工实验连线"。

步骤五 通电试验。在接线无误的前提下，接通电源，观察 T68 镗床运转及控制效果。

步骤六 设置故障点。

步骤七 根据故障现象，在原理图中正确标出最小故障范围的线段，然后采用正确的检查和排故方法并在定额时间内排除故障。

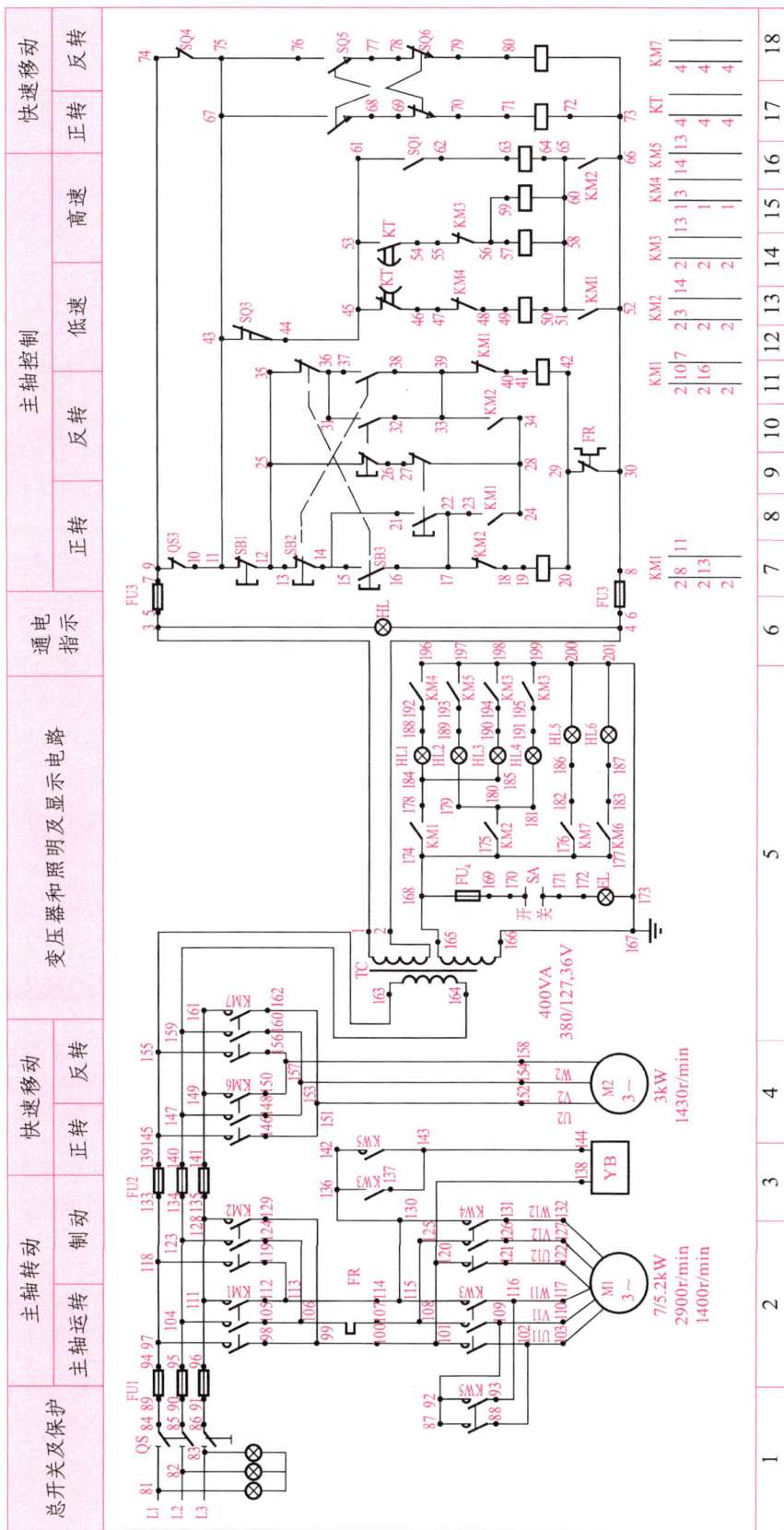

图6.12 T68镗床电气控制电路原理图

特别提示

T68镗床电路典型故障设置建议

1. 85—90 间断路　所有电动机缺相,控制回路失效。

2. 96—111 间断路　主轴电动机及工作台进给电动机正、反转均缺相,控制回路正常。

3. 98—099 间断路　主轴正转缺相。

4. 107—108 间断路　主轴正、反转均缺一相。

5. 137—143 间断路　主轴电动机低速运转制动电磁铁 YB不能动作。

6. 146—151 间断路　进给电动机快速移动正转时缺一相。

7. 151—152 间断路　进给电动机无论正反转均缺一相。

8. 155—163 间断路　控制变压器缺一相,控制回路及照明回路均没电。

9. 18—19 间断路　主轴电动机正转点动与起动均失效。

10. 8—30 间断路　控制回路全部失效。

11. 29—42 间断路　主轴电动机反转点动与起动均失效。

12. 30—52 间断路　主轴电动机的高低速运行及快速移动电动机的快速移动均不可起动。

13. 48—49 间断路　主轴电动机的低速不能起动。

14. 54—55 间断路　主轴电动机的高速运行失效。

15. 66—73 间断路　快速移动电动机,无论正、反转均失效。

注意:

1. 检修前要认真阅读电路图,熟练掌握各个控制环节的原理及作用。

2. 镗床的多种运动都是由电气和液压配合完成的,检修时要注意区别各自的作用。

3. 停电要验电。带点检修时,必须有指导教师在现场监护,以确保用电安全。

4. 正确使用工具和仪表。

6.4.2　相关知识:T68镗床的电路结构与工作原理

1 主轴电动机M1的控制

(1) 主轴电动机的正反转控制

按下正转按钮 SB3,接触器 KM1 线圈得吸合,主触头闭合(此时开关 SQ2 已闭合),KM1 的常开触头(8 区和 13 区)闭合,接触器 KM3 线圈获电吸合,接触器主触头闭合,制动电磁铁 YB 得电松开(指示灯亮),电动机 M1 接成△正向起动。

反转时只需按下反转起动按钮 SB2,动作原理基本同上,所不同的是接触器 KM2 获电吸合。

(2) 主轴电动机 M1 的点动控制

按下正向点动按钮 SB4,接触器 KM1 线圈获电吸合,KM1 常开触头(8 区和 13 区)闭合,接触器 KM3 线圈获电吸合。而不同于正转的是,按钮 SB4 的常闭触头切断了接触器 KM1 的自锁支路,只能点动。这样 KM1 和 KM3 的主触头闭合便使电动机 M1 接成△点动。

同理按下反向点动按钮 SB5，接触器 KM2 和 KM3 线圈获电吸合，M1 反向点动。

(3) 主轴电动机 M1 的停车制动

当电动机正处于正转运转时，按下停止按钮 SB1，接触器 KM1 线圈断电释放，KM1 的常开触头（8 区和 13 区）因断电而断开，KM3 也断电释放。制动电磁铁 YB 因失电而制动，电动机 M1 制动停车。

同理反转制动只需按下制动按钮 SB1，动作原理同上，所不同的是接触器 KM2 反转制动停车。

(4) 主轴电动机 M1 的高、低速控制

若选择电动机 M1 在低速运行可通过变速手柄使变速开关 SQ1（16 区）处于断开高速位置，相应的时间继电器 KT 线圈也断电，电动机 M1 只能由接触器 KM3 接成△连接低速运动。

如果需要电动机高速运行，应首先通过变速手柄使变速开关 SQ1 压合接通处于高速位置，然后按正转起动按钮 SB3（或反转起动按钮 SB2），时间继电器 KT 线圈获电吸合。由于 KT 两组触头延时动作，故 KM3 线圈先获电吸合，电动机 M1 接成△低速起动，以后 KT 的常闭触头（13 区）延时断开，KM3 线圈断电释放，KT 的常开触头（14 区）延时闭合，KM4、KM5 线圈获电吸合，电动机 M1 接成丫－丫连接，以高速运行。

2 快速移动电动机M2的控制

主轴的轴向进给、主轴箱的垂直进给、工作台的纵向和横向进给等的快速移动。该镗床无机械机构，不能完成复杂的机械传动方向进给，只能通过操纵装在床身的转换开关和开关 SQ5、SQ6 来共同完成工作台的横向和前后、主轴箱的升降控制。在工作台上 6 个方向各设置有一个行程开关，当工作台纵向、横向和升降运动到极限位置时，挡铁撞到位置开关，工作台停止运动，从而实现操纵终端保护。

(1) 主轴箱升降运动

首先将床身上的转换开关扳到"升降"位置，扳动开关 SQ5（SQ6），SQ5（SQ6）常开触头闭合,SQ5（SQ6）常闭触头断开,接触器 KM7（KM6）通电吸合电动机 M2 反（正）转，主轴箱向下（上）运动，到达预定的位置时，扳回开关 SQ5（SQ6），主轴箱停止运动。

(2) 工作台横向运动

首先将床身上的转换开关扳到"横向"位置，扳动开关 SQ5（SQ6），SQ5（SQ6）常开触头闭合,SQ5（SQ6）常闭触头断开,接触器 KM7（KM6）通电吸合电动机 M2 反（正）转，工作台横向运动，到了预定的位置时扳回开关 SQ5（SQ6），工作台横向停止运动。

(3) 工作台纵向运动

首先将床身上的转换开关扳到"纵向"位置，扳动开关 SQ5（SQ6），SQ5（SQ6）常开触头闭合,SQ5（SQ6）常闭触头断开,接触器 KM7（KM6）通电吸合电动机 M2 反（正）

转，工作台纵向运动，到了预定的位置时扳回开关 SQ5（SQ6），工作台纵向停止运动。

3 联锁保护

真实机床在为了防止工作台或主轴箱自动快速进给时又将主轴进给手柄扳到自动快速进给的误操作，采用了与工作台和主轴箱进给手柄机械连接的行程开关 SQ3 。当上述手柄扳到工作台（或主轴箱）自动快速进给位置时，SQ3 被压断开。同样，在主轴箱上还装有另一个行程开关 SQ4，它与主轴进给手柄机械连接，当这个手柄动作时，SQ4 也受压断开。电动机 M1 和 M2 必须在行程开关 SQ3 和 SQ4 中有一个处于闭合状态时才可以起动。如果工作台（或主轴箱）在自动进给（此时 SQ3 断开）时将主轴进给手柄扳到自动进给位置（SQ4 也断开），那么电动机 M1 和 M2 都自动停车，从而达到联锁保护的目的。

6.4.3 实践操作检测与评价

实训完毕后，教师根据表 6.8 的所列项目和评分标准及学生操作情况在表中记下本任务的成绩。

表 6.8 T68 镗床控制电路排除故障成绩评定表

故障序号	排除故障情况			排除故障思路及方法			
	排除故障记录	配分	得分	思路及方法	配分	得分	评分标准
1		15			10		圈定故障范围正确每个得6分，正确排除故障每种得4分
2		15			10		
3		15			10		

正确使用仪表、工具				安全文明操作		
配分	10		得分	配分	15	得分
(1) 不使用仪表扣5分 (2) 错误使用仪表每次扣2分，损坏仪表扣10分 (3) 使用仪表工具不规范每次扣3分				(1) 损坏元器件扣3～5分 (2) 不穿绝缘鞋扣3分 (3) 产生短路现象扣10分 (4) 发生事故扣15分		
备注	考试时间：45min； 考题号由教师填写； 评分记录涂改无效					成绩

想一想

1. T68镗床是如何实现主轴变速控制的？

2. 主轴点动后不能制动是什么原因造成的？

巩固与应用

1. 在 C6140 车床中，若主轴只能点动，则故障原因是什么？

2. C6140 车床的主轴是如何实现正、反转控制的？

3. X62W 万能铣床电气控制线路具有哪些电气联锁措施？

4. 简述 X62W 万能铣床主轴变速冲动的控制过程。

5. M7120 磨床的电磁吸盘退磁不好的原因有哪些？

6. T68 镗床的各进给部件具有哪几种进给方式？

参 考 文 献

方大千，方成，方立，等，2018. 电动机实用控制线路详解 [M]. 北京：化学工业出版社.

何焕山，2006. 工厂电气控制设备 [M]. 北京：高等教育出版社.

李乃夫，2007. 电动机与控制 [M]. 2 版. 北京：高等教育出版社.

潘毅，翟恩民，游建，2009. 机床电气控制 [M]. 北京：科学出版社.

彭金华，2009. 电气控制技术基础与实训 [M]. 北京：科学出版社.

孙洋，马亮亮，2021. 电动机维修实用手册 [M]. 北京：化学工业出版社.

王廷才，2006. 维修电工技能训练 [M]. 北京：高等教育出版社.

曾祥富，2011. 电工技能与实训 [M]. 3 版. 北京：高等教育出版社.

赵承获，2002. 电机与电气控制技术 [M]. 北京：高等教育出版社.

赵争召，刘晓书，2019. 电工技术基础与技能：电类专业通用 [M]. 2 版. 北京：科学出版社.